驻马店市林业有害生物普查图鉴

驻马店市森林病虫防治检疫站　主编

黄河水利出版社
·郑州·

图书在版编目（CIP）数据

驻马店市林业有害生物普查图鉴 / 驻马店市森林病虫防治
检疫站主编. — 郑州：黄河水利出版社，2019.11
ISBN 978 - 7 - 5509 - 2530 - 4

Ⅰ. ①驻… Ⅱ. ①驻… Ⅲ. ①森林害虫 - 普查 - 驻马
店 - 2014-2016 - 图集 Ⅳ. ①S763.3-64

中国版本图书馆CIP数据核字（2019）第220850号

策划编辑：陶金志 电话：0371-66025273 E-mail：838739632@qq.com

出 版 社：黄河水利出版社　　　　　　　　　　　　　网址：www.yrcp.com
　　　　　地址：河南省郑州市顺河路黄委会综合楼14层　邮编：450003
发行单位：黄河水利出版社
　　　　　发行部电话：0371 - 66026940、66020550、66028024、66022620（传真）
　　　　　E-mail：hhslcbs@126.com
承印单位：河南瑞之光印刷股份有限公司
开本：787 mm × 1 092 mm　1/16
印张：7.75
字数：180千字　　　　　　　　　　　　　　　　　印数：1—1 000
版次：2019年11月第1版　　　　　　　　　　　　印次：2019年11月第1次印刷

定价：98.00元

《驻马店市林业有害生物普查图鉴》
编辑委员会

主　　任：赵　站

副主任：姚　堆

主　　编：驻马店市森林病虫防治检疫站

执行主编：范大整　崔晓琦

副主编：陈元兵　李　娟　朱　洪　刘　奇　商海峰
　　　　刘少华

编　　委：（以姓氏笔画为序）

王　静	王志敏	王新建	王雪锋	王　威
王德军	王一州	牛大平	史俊喜	付　兵
许青云	孙章民	刘海艳	刘翠鸽	刘红谜
刘迎奎	刘春隔	刘航晨	刘少强	朱亚杰
杨树本	杨明丽	张　令	李亚奇	李红勇
李　坦	李　坤	李　璐	陈　旭	谷梅红
金宏亮	经　涛	赵定军	赵　威	姜其军
胡心伟	段淑娟	郭　华	高小云	徐　云
徐　强	徐　彬	龚汉蒙	常　辉	蔡清华

前 言

近年来，随着造林绿化力度不断增大，驻马店市森林覆盖率逐年上升，但全市平原地区杨树纯林较多，山区栎类、松树纯林面积也占相当高的比例，大面积纯林为林业有害生物灾害的暴发提供了寄主环境条件。另外，驻马店市夏季雨水较多，高温高湿，一方面不利于开展防治，另一方面加快了林业有害生物的发育进程，导致以杨小舟蛾为主的杨树食叶害虫、以杨树黑斑病为主的杨树病害发生面积居高不下，美国白蛾迅速扩散，严重威胁驻马店市林业安全。为全面掌握驻马店市林业有害生物发生情况，为今后实现林业可持续发展提供科学依据，按照国家林业局和河南省林业厅统一部署，驻马店市于 2014 ~ 2016 年开展了第三次林业有害生物普查工作。本次普查共踏查路程 4.916 万 km，调查 165 个乡（镇）、4 个国有林场，174 个苗圃，93 家木材加工厂。驻马店市共设置标准地 3 442 个，调查面积 10 326 亩（1 亩 =1/15 hm²），其中，调查人工林 10 017 亩、天然林 309 亩、苗圃 28 779 亩。普查中，全市共采集标本 1 211 种，制作标本 1 080 份，其中完整的生活史标本 27 套，拍摄生物学、形态学及危害症状照片 3 614 幅。本次普查，驻马店市共发现鉴定林业有害生物 302 种。为总结此次普查成果，科学指导驻马店市今后的林业有害生物防治工作，我们组织驻马店市森防人员整理出本次普查拍摄收集的病虫照片，结合多年的森防实践经验，编纂成书，以飨读者。

本书共分两章，涉及本地常见林业有害生物 71 种（病害 16 种、虫害 55 种）。第一章介绍林木病害、昆虫和林用农药的基础知识；第二章是常见林业有害生物图鉴，包括驻马店市主要林业有害生物的识别、发生规律和防治技术等。

本书侧重于科学性、通俗性、可操作性，所采用图片绝大部分由基层一线森防工作者自己拍摄，病虫鉴定查阅了大量参考资料，请教了很多同行和专家，力求准确，防治方法根据实践经验优先采用无公害防治措施。本书是近年来驻马店市森防工作实践经验的总结，希望通过本书的编写，更好地服务于基层森防工作者、护林员和广大林农等林业生产一线人员。

由于时间和水平有限，一些不常见和未鉴定种类未汇编其中，由于不是专业摄影，拍摄图片质量不高，每一种虫的虫态也不尽全面，加之这是我们第一次编写有关林业有害生物鉴定防治方面的书籍，不免有不妥之处，望能抛砖引玉，敬请广大专家、读者不吝赐教。

编 者

2019 年 9 月

目 录

第一章 **林业有害生物基础知识**

第一节　林木病害基础知识

林木在生长发育的过程中，由于受到有害生物或不良环境条件的影响，其正常的生理活动受到干扰、破坏，对林木的生长发育产生不利影响，甚至引起植株死亡，造成经济、景观或生态上的损失，这种现象称为林木病害。

一、林木病害的特点

植物病害的重要特点就是植物和病源相互作用的持续性，即有一个病理变化的过程，伤害是持续的，没有一个持续变化的过程，就不能称为病害。病害可分为非侵染性病害和侵染性病害。

（1）非侵染性病害：由于生长环境条件不合适等非生物性病原引起的病害，又称为非传染性病害。引起非侵染性病害的病原因子有很多，主要可归纳为营养失调、水分失调、温度不适、有害物质和土壤次生盐渍化等。非侵染性病害往往成片发生，比较均匀，不能够传染蔓延，在发病植株上分离不到病原物。非生物性病原如下。

非生物性病原

气象因子	温度	寒害、霜害、热害
	光照	过强、过弱、不适光周期
	湿度、风	干热风
土壤因子	湿度	旱、涝、强烈波动
	物理结构	板结
	化学组成	缺素、过剩、有毒物质
	酸碱度	过酸、过碱
农事操作	农用化合物	化肥、农药
污染	"三废"	O_3、SO_2、HF、NO_2、烟雾、污水

（2）侵染性病害：由生物性病原引起的病害，又称为传染性病害。植物侵染性病害的发生发展包括以下三个基本环节：病原物与寄主接触后，对寄主进行侵染活动（初侵染病程）。由于初侵染的成功，病原物数量得到扩大，并在适当的条件下传播（气流传播、水传播、昆虫传播以及人为传播）开来，进行不断的再侵染，使病害不断扩展。由于寄主组织死亡或进入休眠，病原物随之进入越冬阶段，病害处于休眠状态。到次年条件适宜时，病原物从其越冬场所经新一轮传播再对寄主植物进行新的侵染。这就是侵染性病害的一个侵染循环。侵染性病害发生通常由点到面，表现出明显的发病中心；能够传染蔓延；在病部可见病原物的营养体或繁殖体。

侵染性病害和非侵染性病害虽属两类性质完全不同的病害，但有很密切的关系。林木在不良环境条件影响下发生非侵染性病害，林木生长发育不良，削弱了对病原物的抵抗力，为病原物侵入或病害流行创造了有利条件；反之，林木感染侵染性病害后，也会降低其对不良环境条件的抵抗力，而易于发生非侵染性病害。因此，在人类生产活动中，应运用现代科学技术，利用和改造自然条件，积极创造有利于林木生长发育而不利于病原物生存和致病的生产条件，以控制病害的发生。

二、林木病害的症状

林木发病后，病部表现出的综合特征，是病状和病症的总称。病状是指发病林木本身表现的不正常形态特征，病症是指在林木病部病原物产生的营养体和繁殖体。每一种病害都有它特有的症状表现，是我们描述、命名、诊断和识别病害的主要依据。

（一）病状的类型

1. 变色

发病植物的色泽发生改变，本质是叶绿素受到破坏，细胞并未死亡。花叶，是叶绿素减少，不均匀变色；褪色，是叶绿素减少，均匀变色，变浅；黄化，是叶绿素减少，均匀变色，变黄；斑驳，是变色部分的轮廓不清；条纹、条斑、条点，是单子叶植物的花叶。

2. 坏死

发病植物的细胞或组织坏死，细胞已死亡。叶斑，包括轮斑、环斑、角斑、圆斑、穿孔等，形状大小不同，但轮廓清楚，类似岛屿；叶枯，表现为叶片较大面积坏死，边缘不清；叶烧，表现为叶尖或叶缘枯死；猝倒、立枯，多发生在幼苗期，近地表茎部坏死，前者倒伏（腐霉），后者死而不倒（丝核菌）；溃疡，是果实或枝干皮层受害后，形成凹陷病斑，周围常开裂，并有愈伤组织产生，如杨树溃疡病和板栗溃疡病。

3. 腐烂

植物幼嫩多汁组织大面积坏死，组织或细胞破坏消解。干腐，死亡慢，水分快速失去；湿腐，死亡快，水分未能及时散失；软腐，中胶层破坏，细胞离析。根据腐烂的部位有根腐、基腐、茎腐、果腐、花腐等。

4. 萎蔫

萎蔫指植物局部或全部由于水分丧失膨压使叶片萎垂的现象。分为病理性萎蔫和生理性萎蔫。前者输水组织受破坏，不可恢复，表现为枯萎、黄萎、青枯；后者补充水分后可以恢复。

5. 畸形

畸形指植物受病原物产生的激素类物质的刺激而表现的异常生长现象。增生型，指病组织的薄壁细胞分裂加快，数量迅速增多，局部组织出现肿瘤或癌肿、丛枝、发根等；增大型，是病组织的局部细胞体积增大（巨型细胞），但细胞数量并不增多，如根结、徒长恶苗等；减生型，是病部细胞分裂受到抑制，发育不良，造成植株矮缩、矮化、小叶、小果、卷叶等，如桃缩叶病；变态（变形），是植株的花器变态成叶片状、叶变花、叶片扭曲、蕨叶、花器变菌瘿等。

（二）病症的类型

（1）霉状物。真菌病害常见特征。有霜霉、灰霉、青霉、绿霉、赤霉、黑霉等颜色。

（2）粉状物。真菌病害常见特征。有白粉病、黑粉病、锈病。

（3）小黑点。真菌病害常见特征。有分生孢子器、分生孢子盘、分生孢子座、闭囊壳、子囊壳等。

（4）菌核。真菌病害中丝核菌和核盘菌常见特征。较大、深色、越冬结构。

（5）蘑菇状物。为高等担子菌的繁殖器官，多发生于树木的枝干上。

（6）菌脓。细菌病害常见特征。菌脓失水干燥后变成菌痂。

（三）症状的变化

1. 典型症状

一种病害在不同阶段或不同抗病性的品种上或者在不同环境条件下出现不同的症状，其中一种常见症状成为该病害的典型症状。例如，TMV病毒侵染多种植物后都表现花叶症状，但它侵染心叶则表现枯斑症状。

2. 综合症

有的病害在一种植物上可以同时或先后表现两种或两种以上不同类型的症状，这种情况称为综合症。例如，稻瘟病在芽苗期发生引起烂芽，在株期侵染叶片则表现枯斑，侵染穗部导致穗茎枯死引起白穗等。

3. 并发症

当两种或多种病害同时在一株植物上混发时，可以出现多种不同类型的症状，这种现象称为并发症。有时会发生彼此干扰的拮抗现象，也可能出现加重症状的协生作用。

4. 隐症现象

病害症状出现后，由于环境条件的改变，或者使用农药治疗后，原有症状逐渐减退直至消失。隐症的植物体内仍有病原物存在，是个带菌植物，一旦环境恢复或农药作用消失，隐症的植物还会重新显症。

三、林木病害的诊断

对病植物进行诊断的程序，应该是从症状入手，全面检查，仔细分析，下结论要留有余地。诊断的程序一般包括症状的识别与描述、调查询问病史与有关档案、采样检查（镜检与剖检等）、专项检测、逐步排除法得出适当结论。

柯赫氏法则是伟大的德国细菌学家罗伯特·柯赫（Robert Koch，1843～1910年）提出的一套科学验证方法，用以验证细菌与病害的关系，被后人奉为传染病病原鉴定的金科玉律。后来，柯赫氏法则又被移植并成为植物病理学中一项经典法则。如发现一种不熟悉的或新的病害，应按柯赫氏法则的四个步骤来完成诊断与鉴定。诊断是从症状等表型特征来判断其病因，确定病害种类。

（1）在病植物上常伴随有一种病原微生物存在。

（2）该微生物可在离体的或人工培养基上分离纯化而得到纯培养。

（3）将纯培养接种到相同品种的健株上，出现症状相同的病害。

（4）从接种发病的植物上再分离到其纯培养，性状与接种物相同。

柯赫氏法则常用于侵染性病害的诊断和鉴定，特别是新病害的鉴定。非专性寄生物，如绝大多数植物病原菌物和细菌所引致的病害，可以很方便地应用柯赫氏法则来进行诊断和鉴定。至于一些专性寄生物如植物线虫、病毒、菌原体、霜霉菌、白粉菌和锈菌等，由于目前还不能在人工培养基上培养，以往常被认为不适合于应用柯赫氏法则，但现在已证明柯赫氏法则也同样可以适用于这些生物所致病害，只是在进行人工接种时，直接从病株组织上取线虫、孢子，或采用带病毒或菌原体的汁液、枝条、昆虫等进行接种。但病毒和菌原体的接种需要搞清传播途径。当接种株发病后，再从该病株上取线虫、孢子，或采用带病毒或菌原体的汁液、枝条、昆虫等，用同样方法再进行接种，当得到同样结果后才可证实该病的病原为这种线虫、这种菌物或这种病毒。因此，所有侵染性病害的诊断与病原物的鉴定都必须按照柯赫氏法则来验证。

柯赫氏法则同样适用于对非侵染性病害的诊断，只是以某种怀疑因素来代替病原物的作用。例如，当判断是缺乏某种元素引起的病害时，可以用适当的方法补施该种元素；如果处理后植株症状得到缓解或消除，即可确认病害是因缺乏该元素所致。

第二节 林木昆虫基础知识

林木昆虫是指生活在林木中与林木有直接或间接关系的昆虫，包括直接危害林木叶片、枝条、树干和树根等，影响树木正常生长发育和林产品产量的大多数植食性昆虫（害虫），各种林木昆虫的寄生性或捕食性天敌昆虫（益虫）。防治害虫，保护和利用益虫，是我们研究昆虫的目的。

一、昆虫的形态

目前，全世界已知昆虫种类 100 多万种。昆虫种类繁多，形态各异。但是，昆虫都有共同的基本特征，就是体躯分为头、胸、腹三个体段；头部着生有触角、口器、单眼、复眼；胸部着生有三对足，一般还有两对翅；腹部着生有外生殖器和尾须。各种昆虫形态特征不同，同一种昆虫的不同发育阶段的形态特征也不同，根据这些不同的特征，可以识别昆虫。

（一）昆虫的头部

头部是昆虫体躯最前的一个体段，外壁硬化成为一个头壳，上面有触角 1 对，复眼 1 对，单眼 1～3 个以及口器等器官，里面有脑、消化道的前端及有关附肢的肌肉和神经等，所以头部是感觉和取食的中心。

1. 眼

昆虫的眼有复眼和单眼两种，是昆虫的视觉器官。昆虫的成虫和不全变态类的若虫头部都有 1 对复眼，着生于头的两侧，由许多小眼集合而成，表面透明，有角膜，可以观察物体的大小。单眼分为背单眼和侧单眼两类。背单眼为一般成虫和不全变态类的若虫所具有，着生在额区上端两复眼之间，呈小圆形，1～3 个，有的甚至没有。侧单眼为全变态类昆虫的幼虫所具有，位于头部两侧，常为 1～7 对不等。

2. 触角

触角一般着生在额区，由柄节、梗节、鞭节组成，是昆虫的重要感觉器官，具有触觉、嗅觉和听觉等作用，可以帮助昆虫寻食、求偶、避敌等。昆虫的触角类型多种多样，种类不同则触角不同，有的雌雄触角也不一样。常见的触角有丝状（线状）、刚毛状、念珠状、棒状、锤状、锯齿状、鳃片状、具芒状、栉齿状、双栉齿状（羽状）、膝状（肘状）、环毛状等。

3. 口器

口器是昆虫的取食器官。昆虫的食性分化十分复杂，形成了多种口器类型。了解昆虫口器构造、危害特征，可以判断害虫的种类，选择适当的农药进行防治。一是咀嚼式口器，如天牛、蝶蛾类幼虫的口器，由上唇、下唇、上颚、下颚和舌 5 部分组成。具有这类口器的害虫咬食植物的各种组织，把叶子吃成缺刻、穿孔或吃光，或蛀食枝干、果实或种子，或咬断幼苗的根茎，可选用胃毒剂和触杀剂来防治。二是刺吸式口器，如蝉、蝽象、蚜虫的口器，由咀嚼式口器演变而来，上唇变小，上下颚特化成 4 根细长如针状的口针，下唇延长成喙，4 根针相互嵌接在喙内，前胸前端形成强有力的抽吸结构，这类害虫用药一般选用内吸剂或触杀剂。近代农药有的具有触杀、胃毒、内吸等多种作用，不受口器构造的限制，应用比较广泛。另外，还有蝶蛾类所特有的虹吸式口器、蝇类的舐吸式口器、蜜蜂的嚼吸式口器等。

（二）昆虫的胸部

胸部为体躯的第 2 体段，由前胸、中胸、后胸 3 节组成。每个胸节具有 1 对附肢，分别称前足、中足、后足。中胸和后胸通常还具有 1 对翅，称前翅、后翅。每一胸节都由背板、侧板（左右对称）和腹板 4 块骨板所组成，各骨板又被若干沟缝划分为一些骨片。胸部是昆虫的运动中心。

1. 胸足

成虫的胸足分为 6 节，从基部依次称为基节、转节、腿节、胫节、跗节和前跗节。其中，胫节上常有成排的刺或齿，末端有距，这些刺、齿和距的大小、数目及排列常被作为分类的特征。跗节分为 2～5 个亚节，称跗分节。有的昆虫跗节腹面有辅助行动用的垫状构造，称为跗垫。前跗节包括着生于最末一个跗节端部两侧的爪和两爪中间的中垫。前跗节的构造常有很多变化，因而成为分类上常用的特征。因生活环境和生活方式的不同，胸足的功能相应发生变化，使足的形状、构造多种多样。常见的有步行虫、瓢虫、蜉象等的步行足，蝗虫、蟋蟀、跳甲的后足等跳跃足，螳螂、猎蝽的前足等捕捉足，蝼蛄、金龟子的前足等开掘足。还有水生昆虫的后足等游泳足、雄性龙虱的前足等抱握足、蜜蜂的后足等携粉足、天牛的攀缘足等。

2. 翅

昆虫的翅一般为三角形，有 3 条边和 3 个角。前面的一条边叫前缘，外面的边叫外缘，后面的边叫后缘。3 个角分别叫肩角、顶角、臀角。根据翅的质地不同，翅有不同的类型。翅膜质，薄而透明，翅脉明显可见，称膜翅，如蜂类和蜻蜓的前后翅。翅全部骨化，看不见翅脉，坚硬如鞘，不用于飞行，只用于保护背部和后翅，称鞘翅，如甲虫类的前翅。翅的基半部较骨化，端半部仍为膜质，有翅脉，称半鞘翅，如蝽的前翅。质地为膜质，但翅上有许多鳞片，称鳞翅，如蝶、蛾类的翅。翅皮革质，半透明，翅脉仍然存在，称复翅，如蝗虫的翅。后翅退化成很小的棒状构造，在飞行时起平衡身体的作用，称平衡棒，如蝇类的后翅。质地为膜质，但翅面和翅脉上被有许多毛，称毛翅，如石蛾的翅。蓟马类昆虫的前后翅狭长如带，膜质透明，翅脉退化，在翅的周缘有很多缨状的长毛，称缨翅。昆虫种类不同，翅的变化各异。因此，翅的有无、质地、形态及翅脉在翅上的分布情况等，常是识别昆虫的主要特征。

（三）昆虫的腹部

腹部是昆虫的第 3 体段，腹内有消化器官、呼吸器官、生殖器官等，是昆虫生殖和进行新陈代谢的中心。腹部由 4～11 节组成，一般为 9～11 节，每一腹节由背板、腹板和介于背板之间的侧膜所组成，各环节之间有柔软的节间膜相连，因而腹部能充分弯曲或伸缩，腹部末端有外生殖器和尾须、肛门等。腹末第 1～8 节两侧各有气门 1 对（胸部还有气门 1～2 对）。昆虫进行呼吸时，吸入氧气，放出二氧化碳。当空气中含有一定量的毒气时，毒气随之进入虫体，使昆虫中毒死亡。这就是熏蒸剂应用的基本原理。毒气进入虫体与气门的开闭有直接联系。在一定温度范围内，温度越高，昆虫活动越强，所需氧气越多，同时体内产生的二氧化碳也越多，气门则常开放，毒气进入就多，昆虫容易中毒而死。因此，在高温情况下进行熏蒸，不但药效迅速，而且可以节省用药量。昆虫在缺氧或高浓度二氧化碳的情况下，呼吸活动也加大，使用熏蒸剂容易见效。二氧化碳又有灭火的作用，使用容易燃烧的熏蒸剂时，可以同时混合使用。油类或油乳剂易从气门进入虫体内，但水剂不会进入虫体内，因为昆虫的气门一般都是疏水的，如果在虫体上喷布肥皂水、洗衣粉水、面糊水，也可以将气门封闭，使昆虫窒息死亡。

鳞翅目幼虫通常有 5 对腹足，着生于第 3 ～ 6 腹节和第 10 腹节上，第 10 腹节上的 1 对腹足称臀足。腹足是筒状构造，由亚基节、基节和趾组成。趾的末端有成排的小钩，称趾钩。趾钩是鉴别鳞翅目幼虫最常用的特征，趾钩的排列方式是鳞翅目幼虫分类的常用特征。膜翅目叶蜂类幼虫腹足从第 2 腹节开始着生，且一般为 6 ～ 8 对（有的多达 10 对），腹足末端有趾，但无趾钩，这些都足以使其与鳞翅目的幼虫相互区别。

（四）昆虫的体壁

体壁就是昆虫的皮肤，相当坚硬，称外骨骼，它既能保护内脏，防止失水和外物的侵入，又能供肌肉和各种感觉器官着生，保证昆虫的正常活动。体壁由外向内，由表皮层、皮细胞层和底膜 3 层组织组成。皮细胞层是单层的活细胞，底膜是紧贴于皮细胞层的一层薄膜，表皮层则由皮细胞层的分泌物所组成。虫体上的鳞片、刚毛、刺、距、点刻、突起、各种分泌腺体等，都是由皮细胞形成的。

表皮层由内向外分为内表皮、外表皮和上表皮 3 层。内表皮无色、柔软，主要含类似纤维的几丁质和蛋白质，富延展性。外表皮是由内表皮的外层硬化而来的，含有几丁质、骨蛋白和脂类等，质地坚硬。上表皮极薄，是多层构造，从内到外分别是脂腈层、蜡层和护蜡层，可防止体内水分的蒸发和外界水溶性物质侵入，具有不透性。根据体壁各层的成分和性质，研究击破其防护作用的药物或方法，在害虫防治上具有重要意义。如油类杀虫剂，能很好地在虫体上展布，并易与蜡质混合，破坏蜡质的结构，有利于药剂的透入。虫体比较柔软的蝶蛾类幼虫比具有坚硬外壳的甲虫类幼虫容易中毒；幼龄幼虫比老龄幼虫的体壁要薄，易于中毒，这是 3 龄以后的幼虫抗药性增加的原因。因此，要在 3 龄前进行药剂防治。

二、昆虫的生活史

昆虫在生长发育过程中有变态现象，即指昆虫在生长发育过程中，其内部器官和外部形态经过一系列变化，一般经过卵、若（幼）虫、蛹、成虫四个阶段。昆虫自卵从母体离开开始到性成熟并能产生后代为止称为一个世代。一种昆虫在 1 年中的发育史称为年生活史或生活史。在 1 年中发生多代的昆虫由于发生期及产卵期较长，因而使前后世代间有明显重叠的现象，称为世代重叠；若干世代间生殖方式甚至生活方式等方面有明显差异，两性生殖与孤雌生殖交替发生，称为世代交替。了解并掌握昆虫

的生活史和世代对害虫的防治及天敌的利用等具有重要的现实意义。

（一）昆虫的变态

昆虫在个体发育过程中，特别是在胚后发育阶段经过的一系列形态变化，称为变态。下面介绍几种与林业害虫密切相关的变态类型。

1. 原变态

原变态是有翅亚纲中最原始的变态类型，为蜉蝣目昆虫所独具。其特点是从幼虫期到成虫期要经历一个亚成虫期，亚成虫外形与成虫相似，初具飞翔能力并已达性成熟，一般经历 1 至数小时，再进行一次蜕皮变成成虫。

2. 不全变态

又称直接变态，只经过卵期、幼虫期、成虫期 3 个阶段，成虫的特征随着幼虫期虫态的生长发育逐步显现，为有翅亚纲外翅部除蜉蝣目外的昆虫所具有。不全变态又分 3 类：一是半变态，即幼虫水生，成虫陆生，二者在体形、取食器官、呼吸器官、运动器官方面有明显不同。其幼虫特称为稚虫，如蜻蜓目等。二是渐变态，即幼虫期的翅发育不全，称为翅芽，性器官也未发育成熟；成虫在形态上除翅和性器官外，与幼虫期昆虫没有其他显著区别。其幼虫期昆虫又称若虫，如直翅目、半翅目和同翅目、螳螂目等的一些种类。三是过渐变态，即若虫与成虫均陆生，形态相似，在幼虫期向成虫期过渡时要经过一个不食不动的类似蛹的时期，称为伪蛹。如缨翅目、同翅目粉虱科和雄性介壳虫。过渐变态是不全变态向全变态演化的一个过渡类型。

3. 全变态

全变态是有翅亚纲内翅部昆虫所具有的变态类型。其特点是昆虫一生经过卵、幼虫、蛹、成虫 4 个不同虫态；幼虫与成虫不仅在外部形态和内部结构上不同，而且大多食性与生活习性也差异甚大。如鳞翅目昆虫的幼虫为植食性，以食料植物为栖息环境，而其成虫则访花吮蜜，有的种类成虫不取食。有些全变态类昆虫，幼虫生活环境要发生改变，幼虫形态也发生相应的变化，特称为复变态。

（二）昆虫的发育期

1. 卵

卵是昆虫发育的第一个虫态，也是一个不活动的虫态，便于种群调查和虫情测报。昆虫的卵大小种间差异很大，大多数卵长 1.5 ~ 2.5 mm，一般为卵圆形或肾形，还有不规则形；大部分卵初产时呈乳白色，以后逐渐加深，呈绿色、红色、褐色、黑色等。产卵方式有许多类型，有的单产，有的块产；有的产在寄主、猎物或其他物体的表面，有的产在隐蔽的场所，如土中、石块下、树皮下、缝隙中、寄主组织中等。卵是一个大型细胞，最外面为卵壳，卵壳里面的薄层称卵黄膜，围绕着原生质、卵黄及核。卵的端部常有 1 个或若干个贯通卵壳的小孔，称卵孔。卵孔附近常有各种各样的刻纹，可以作为鉴别不同种虫卵的依据之一。

2. 幼虫

幼虫是昆虫主要的取食阶段，常对植物造成危害。根据足的多少及发育情况，可把全变态类昆虫的幼虫分为 4 大类：一是原足型幼虫，有的连腹部的分节也没完成，胸足只是简单的突起，幼虫为寄主性，如膜翅目某些种类。二是无足型幼虫，胸足和腹足都无，按照头部的发达或骨化程度分为 3 类：全头无足型，如部分蛀干性鞘翅目、潜叶性鳞翅目的幼虫；半头无足型，如一些寄主性膜翅目的幼虫；无头无足型，如双翅目蝇类的幼虫。三是寡足型幼虫，胸足发达，但无腹足或仅有 1 对尾须，如步甲、瓢虫、草蛉等捕食性昆虫的幼虫及金龟甲的幼虫等，形态变化较大，又可分为步甲型、蛴螬型、叩甲型、扁型。四是多足型幼虫，除具胸足外，腹部尚有多对腹足，各节的两侧有气门。如大部分脉翅目、广翅目，极少数甲虫、长翅目、鳞翅目和膜翅目叶蜂类的幼虫，又可分为蛃型和蠋型。

3. 蛹

蛹是全变态昆虫由幼虫变为成虫时，必须经过的一个特有的静止虫态，但其内部却进行着某些器官消解和某些器官形成的剧烈变化。预蛹为末龄幼虫化蛹前的静止时期。待蜕去末龄幼虫的表皮后，翅和附肢即显露于体外，这一过程即为化蛹。自末龄幼虫蜕去表皮起至变为成虫时止所经历的时间，称为蛹期。蛹的抗逆性一般都比较强，且多有保护物或隐蔽场所，所以许多种类的昆虫常以蛹的虫态躲过不良环境或季节，如越冬等。根据蛹壳、附肢、翅与身体主体的接触情况，蛹分为离蛹、被蛹、围蛹。

4. 成虫

成虫从前一虫态蜕皮而出的过程，称为羽化。成虫是昆虫个体发育的最后一个虫态，是完成生殖使种群得以繁衍的阶段。在正常情况下，昆虫个体的性别有 3 种，即雄性、雌性及雌雄同体。大多数种类中，雌性成虫略比同种的雄性个体大，颜色较暗淡，活动能力较差，寿命较长。同种的雌、雄两性除生殖器官外的其他外部形态如大小、颜色、翅的有无、结构等的差异叫性二型，即第二性征。如一些蛾类雌性触角为丝状，而雄性为羽状。同种昆虫同一性别的个体间在大小、颜色、结构等方面存在明显差异，甚至行为、功能不同的现象称为多型现象。多型现象不仅出现在成虫期，也可出现于卵、幼虫或若虫期及蛹期。如同翅目的蚜虫、飞虱的多型现象常与食物的质量相关。大多数昆虫，尤其是直翅目、半翅目、鞘翅目、鳞翅目夜蛾科的昆虫，在幼虫期积累的营养不足，其羽化为成虫后尚未性成熟，需要继续取食，才能达到性成熟，称为补充营养。

三、昆虫的习性

昆虫的习性是昆虫生物学的重要组成部分，包括昆虫的活动和行为，是昆虫适应特定环境条件，以最优生存对策获取最高存活率、生殖力，尽可能地利用环境资源的一个适应性。了解并掌握昆虫的习性同样对害虫的防治和天敌的利用等具有重要的现实意义。

（一）昆虫活动的昼夜节律

昆虫活动的昼夜节律即昆虫的活动与自然中昼夜变化规律相吻合的变化规律。绝大多数昆虫的活动，如飞翔、取食、交尾甚至孵化、羽化，均有昼夜节律。白昼活动的昆虫称为日出性昆虫，如蝶类、蜻蜓、虎甲、步行虫等；夜间活动的昆虫称为夜出性昆虫，如绝大部分蛾类。有的只在弱光下活动，称为弱光性昆虫，如蚊子、少数蛾类等。

（二）昆虫的食性

昆虫的食性即昆虫取食的习性。按昆虫食物的性质，分为植食性、肉食性、腐食性、杂食性等。根据食物的范围，又可分为多食性、寡食性、单食性3类。能取食不同科多种植物的称为多食性，多为害虫，如舞毒蛾、美国白蛾、草履蚧等均能危害数科数十种乃至数百种植物；能取食1个科的若干种植物的称为寡食性，如松毛虫；只取食1种植物的称为单食性。

（三）昆虫的趋性

昆虫的趋性即昆虫对某种刺激表现出趋向或躲避的行为。趋向活动称为正趋性，躲避活动称为负趋性。昆虫的趋性主要有趋光性、趋化性、趋湿性、趋热性等。多数夜间活动的昆虫对光刺激有正趋性，对黑光灯趋性尤强。趋化性是昆虫对一些化学物质的刺激所做的反应，在昆虫寻找食物、异性和产卵场所等活动中起重要的作用。这些趋性为进行有害生物防治提供了新的途径和策略。

（四）昆虫的群集性

昆虫的群集性即同种昆虫的个体大量地聚集在一起的习性。根据群集时间长短分为临时性群集和永久性群集两类。临时性群集是在某一虫态和一段时间内群集在一起，过后就分散。如美国白蛾等的低龄幼虫结网幕，群集在网幕内生活，老龄后分散。具有社会性生活习性的蜜蜂蜂群为典型的永久性群集。但有时两者的界限不十分明显，如东亚飞蝗有群居型和散居型之别，两者可以相互转化。

（五）昆虫的拟态和保护色

昆虫的拟态是指一种生物模拟另一种生物或模拟环境中的其他物体从而获得保护自己的好处的现象。拟态从生物学意义上可分为两种主要类型：一种是贝氏拟态，其特点是被模拟者不是捕食动物的食物，而模拟者是捕食动物的食物。另一种是缪氏拟态，即模拟者和被模拟者都是不可食的，捕食动物只要误食其中之一，则以后两者就都不受其害。

昆虫的保护色是指昆虫的体色连同形态与其周围环境相似。如尺蠖幼虫在树枝上栖息时，以后腹足固定在树枝上，身体斜立，很像树枝。有些昆虫既有保护色，又有警戒色。如蓝目天蛾，其前翅颜色与树皮相似，后翅颜色鲜明，有类似脊椎动物的眼睛的斑纹，当遇到其他动物袭击时，前翅突然展开，露出后翅，将袭击者吓跑。

（六）昆虫的假死性

有些昆虫受到突然的振动或触动时，就会立即收缩其附肢而掉落到地面上，稍停片刻即恢复正常而离去，称假死。如一些金龟子、叶甲、象甲等的成虫和有些尺蠖等的幼虫都具有假死性。这是昆虫对外界刺激的防御性反应，以逃脱敌害的袭击。可以利用昆虫的假死性，进行振落捕杀。

（七）昆虫的扩散与迁飞

昆虫的扩散是指昆虫在栖境内小范围地定向与不定向移动，又称蔓延、传播或分散等。昆虫往往是从高密度的栖境向低密度的栖境内移动的，这是一种减少种群个体间相互竞争的有效方式，也是寻找有效食物资源与生存空间的途径。昆虫的扩散一般可分为3种类型：一是完全靠外部因素扩散，即由风力、水力或人类活动引起的被动扩散活动，如许多鳞翅目幼虫可吐丝下垂并靠风力传播。人类活动（如货物运输、种苗调运等）有时也无意中帮助了一些昆虫的扩散。二是由虫源地（株）向外扩散。三是由趋性所引起的扩散。

昆虫的迁飞又称迁移，是指一种昆虫成群地从一个发生地长距离地转移到另一个发生地的现象。迁飞是由昆虫本身控制、推进的，但风在迁飞中起着重要作用。迁飞是一种普遍的生物学特性，但并不是各种昆虫普遍存在的生物学特性。目前发现不少主要农业害虫具有迁飞的特性，如东亚飞蝗、黏虫、小地老虎等。迁飞可以分为无固定繁育基地的连续性迁飞型、有固定繁育基地的迁飞型、越冬或越夏迁飞型、蚜虫迁飞型4种类型。

第三节 林用农药基础知识

利用农药控制林业有害生物技术，已成为林业生产不可缺少的关键措施；特别是在控制危险性、暴发性林业有害生物时，农药更具有不可替代的作用。掌握农药基本知识，科学指导农药使用，是森防工作者的重要任务，也是林业生产者应知应会的技术。

一、农药的概念与分类

农药是指用于预防、消灭或者控制危害农业、林业的病、虫、草和其他有害生物，以及有目的地调节、控制、影响植物和有害生物代谢、生长、发育、繁殖过程的化学合成物，或者来源于生物、其他天然产物及应用生物技术产生的一种物质或者几种物质的混合物及其制剂。农药可按照其来源、成分、用途、作用方式、机制等进行分类，以便更好地掌握具体农药品种的性能、防治对象、使用方法等知识。

（一）按照农药的来源及成分分类

按照农药的来源及成分分为无机农药、有机农药、生物农药三类。

1. 无机农药

无机农药又称矿物源农药，以天然矿物质原料为主要成分的无机化合物统称为无机农药。早期的砷酸钙、砷酸铝、亚砷酸和氟化钠等砷制剂、氟制剂作为无机杀虫剂，

因为毒性高、药效差、药害重而被停用。现代使用的无机农药主要有波尔多液、碱式硫酸铜悬浮剂等铜制剂，硫悬浮剂、石硫合剂等硫制剂。这些铜制剂和硫制剂都是杀菌剂，硫制剂也是杀螨剂。矿物油乳剂多用于果树休眠期杀虫杀螨。

2. 有机农药

有机农药又称有机合成农药，即人工合成的有机化合物农药。有机农药品种繁多，特点是药效高、见效快、用量少、用途广，可适应不同的需要，但是它易造成环境污染，易使有害生物产生抗药性。其中有些种类的农药在我国已经被禁止或者限制使用。

3. 生物农药

生物农药又称生物源农药，即利用生物体或生物提取物制成的农药。狭义上指直接利用生物自身产生的活性物质或生物活体制成的农药，广义上也包括人工合成的天然活性结构及其类似物。这类农药一般具有对植物无药害、对环境友好、有害生物不易产生抗药性等优点，包括苏云金芽孢杆菌、青虫菌、金龟子芽孢杆菌、白僵菌、绿僵菌、蜡蚧轮枝菌、小卷蛾斯氏线虫、微孢子虫等微生物农药，阿维菌素、橘霉素、春雷霉素、梧宁霉素（四霉素）等微生物源农药（农用抗生素），烟碱、除虫菊素、鱼藤酮、印楝素、鱼尼丁、苦皮藤素等植物源农药，性信息素、聚集素、报警信息素、追踪素等昆虫信息素，灭幼脲、除虫菊脲、氟啶脲等仿生农药（仿生农药又称生物化学农药、昆虫生长调节剂、特异性昆虫控制剂等）。

（二）按照农药的用途或防治对象分类

按照农药的用途或防治对象分为杀虫剂、杀螨剂、杀菌剂、杀线虫剂、除草剂、杀鼠剂、植物生长调节剂7类。

（三）按照农药对防治对象的作用方式分类

1. 杀虫剂和杀螨剂

（1）胃毒剂，指通过害虫害螨的消化系统进入体内，被肠壁细胞吸收后引起害虫害螨中毒死亡的药剂。如灭幼脲、苯氧威、病毒类等。适用于防治具有咀嚼式口器的害虫。

（2）触杀剂，指通过与虫体接触，利用穿透作用经体壁进入体内或封闭昆虫的气门，使昆虫中毒或窒息死亡的药剂。如苦参碱、烟碱、噻虫啉、溴氰菊酯等。适用于防治各种口器的害虫。

（3）熏蒸剂，指由液态或固态汽化为气体，以气体状态通过害虫呼吸系统进入虫体，使之中毒死亡的药剂。如溴甲烷、磷化铝等。适用于蛀干害虫、仓库害虫、检疫性害虫的除害处理及封闭环境中的害虫防治。

（4）内吸剂，指能被植物的根、茎、叶、种子等器官吸收到植物体内，随植物的汁液一起输导至植株其他部位，害虫刺吸植物的汁液或取食植物器官时，随之进入体内，引起害虫中毒死亡的药剂。如吡虫啉、乙酰甲胺磷等。内吸剂主要用于防治刺吸式口器的害虫或藏在隐蔽处的害虫。

（5）拒食剂，这类药剂被取食后可影响昆虫的味觉器官，使其厌食、拒食，最后因饥饿、失水而死亡，或因摄取营养不足不能正常发育。如拒食胺、苦楝素等。

（6）驱避剂，指害虫对某些药剂的气味具有厌忌行为的现象，从而不敢接近或远离施药场所，以保护人、畜或农林作物不受危害的药剂。如苦树皮、避蚊油等。

（7）引诱剂，对害虫具有诱致作用的药剂。这类药剂可引诱害虫前来聚集，然后集中消灭。引诱剂可分为食物引诱剂、产卵引诱剂、性引诱剂 3 类。如糖醋液、美国白蛾性引诱剂等。

（8）不育剂，指能破坏害虫的生殖能力，使其不能繁殖后代的药剂。如莪术醇、雷公藤等。

（9）粘捕剂，指对害虫具有粘捕作用的不干性黏稠物质。如天然松香、树脂、黏胶等配置成的粘捕剂。

以上各种作用是相对的，很多杀虫剂同时具有几种作用。在特定施药方法下，杀虫剂可能主要发挥一种作用，也可能发挥几种作用的综合效果。

2. 杀菌剂

（1）保护剂，在植物发病前或发病初期施用，将药剂均匀覆盖在植物体表，消灭病原微生物或防止病原微生物扩展蔓延。

（2）治疗剂，在植物发病后施用，通过内吸进入植物体内，传导至未施药的部位，对植物内病原微生物产生毒性，抑制或消灭病原微生物，使病株不再受害。

（3）铲除剂，直接接触植物病原物并杀伤病菌，使它们不能侵染植物。这类药剂在植物生长期施用时，植物常不能忍受，故一般只用于种前土壤处理、种苗处理或植物休眠期。

3. 除草剂

（1）根据除草剂的选择性可分为选择性除草剂和灭杀性除草剂。

（2）根据除草剂的输导性能可分为内吸性除草剂和触杀性除草剂。内吸性除草剂能通过杂草的根、茎、叶吸收，并在体内输导，扩散到全株，使植物整株死亡，可以防除宿根性杂草。触杀性除草剂不能被植物内吸输导，只能在药剂与植物接触的部位做短距离的内渗，杀死与药剂接触部位的植物组织或器官，难以防除宿根性等恶性杂草。

（3）根据除草剂的使用方法可分为土壤处理剂和茎叶处理剂。

4. 杀鼠剂

（1）急性杀鼠剂毒杀作用快、潜伏期短，仅 1 ~ 2 天，甚至几小时内，即可引起害鼠中毒死亡。但此类药剂对人、畜毒性大，使用不安全，而且容易出现害鼠拒食现象。

（2）慢性杀鼠剂主要是抗凝血杀鼠剂，其毒性作用慢，潜伏期长，一般 2 ~ 3 天以后才引起害鼠中毒。这类药剂适口性好，能让害鼠反复取食，可以充分发挥药效。同时由于其作用慢、症状轻，不会引起害鼠警觉拒食，灭效高。

（四）按照农药的化学成分分类

按照农药的化学成分可分为有机磷类、除虫菊酯类、氨基甲酸酯类、脲类、杂环类、

醚类、酰胺类等。

二、农药的剂型

农药的剂型是指具有一定组分和规格的农药加工形态。工厂生产出来未经加工的工业品称为原药（原粉或原油）。因为大多数原药不溶于水，在单位面积上使用量又很少，所以为充分发挥其药效和便于施用，原药必须加入一定量的助剂（如填充剂、湿润剂、溶剂、乳化剂等）加工成含有一定有效成分、一定规格的剂型。农药剂型种类很多，其中乳油、粉剂、可湿性粉剂和颗粒剂是目前生产上使用的主要农药剂型。但其他一些剂型，如可溶性粉剂、悬浮剂、缓释剂、超低量喷雾剂、烟雾剂等，因其特殊的用途以及环保优势等，也具有一定的用量和广阔的发展前景。

（1）乳油，是由原药与乳化剂按一定比例溶解在有机溶剂（甲苯、二甲苯、樟脑油等）中制成的一种透明状液体。我国对乳油的质量有规定，一般 pH 值为 6 ~ 8，稳定度大于 99.5%，正常条件下储存 2 年不分层、不沉淀，有效成分不分解失效，外观符合规定要求。有效成分一般为 20% ~ 80%，但也有在 10% 以下的，属高效或超高效农药产品。乳油适用于喷雾、泼浇、涂茎、拌种、撒毒土等；优点是药效高、使用方便、性质稳定；使用时要避免挥发、施药浓度过大，以免对植物产生药害。

（2）粉剂，是由原粉与填充剂（高岭土、瓷土、陶土等惰性粉）按一定比例混合，经机械粉碎至一定细度而制成的，供喷粉、拌种、配制毒饵或土壤处理等使用。粉剂有粗粉剂、普通粉剂和微粉剂 3 种。一般细度为 95% 通过 200 目筛，是一种常用剂型。许多固态剂型如可湿性粉剂、颗粒剂、片剂等都是由粉剂发展而成的。粉剂使用简便，制剂喷粉不用水，功效高。但粉粒在大气中的漂移和污染比较严重。因此，目前粉剂的使用已经受到很大限制。

（3）可湿性粉剂，是由原粉加填充剂和湿润剂按一定比例混合，经机械粉碎至很细而制成的。可湿性粉剂兑水后能被湿润，成为悬浮剂，主要供喷雾使用。细度为 99.5% 通过 200 目筛。可湿性粉剂的质量指标除有效成分含量外，悬浮率和湿润时间两个指标特别重要。悬浮率一般为 50% ~ 70%，湿润时间为 1 ~ 2 分钟。可湿性粉剂是一种有效成分含量较高的干制剂，其形态类似于粉剂，使用上类似于乳油，在某种程度上克服了这两种剂型的缺点。

（4）可溶性粉剂，又称水溶性粉剂，是将水溶性原药、填料和适量的助剂混合制成的可溶解于水的粉状制剂，有效成分含量多在 50% 以上，供加水稀释后使用。使用可溶性粉剂时，以河水、雨水溶解较好，若用硬水溶解，可加入 0.17% ~ 0.2% 的碳酸钠，为提高效果，常加入少量肥皂、洗衣粉之类的表面活性物质。这种制剂具有使用方便、分解损失小、包装和储存经济安全、无有机溶剂污染环境等优点。

（5）颗粒剂，是用农药原药、辅助剂和载体制成的粒状农药制剂。一般分为遇水解体和遇水不解体两种。粒径过 60 ~ 150 目筛者称微粒剂，粒径过 150 ~ 250 目筛者称细粒剂。颗粒剂的优点是持效期长、用药量少、使用安全、使用方便和对环境污染小；缺点是有效成分含量低，用量大，储运不太方便。

（6）悬浮剂，又称胶悬剂，是用不溶于水的固体农药原粉、表面活性剂和水经超微粉碎工艺制成的可流动的一种黏稠状制剂。一般粒径为 0.5 ～ 5 μm，悬浮力大于 90%，易与水混合形成稳定的悬浮液。悬浮剂兼有可湿性粉剂和乳油的优点；长时间储存后，使用时注意是否有沉淀，若发生沉淀现象，使用前必须充分振摇。

（7）水剂，是农药原药的水溶性剂型，是药剂以分子或离子状态分散在水中的真溶液。药剂浓度取决于有效成分的水溶解度，一般在使用时再加水稀释。药效与乳油相当，但有的水剂化学稳定性不如乳油，若长期存放，则易分解，药效降低。

（8）缓释剂，是利用控制释放技术制造的加工制剂。即利用物理或化学的方法，使用农药原药或其他剂型农药加上缓释填充料等制成的制剂，并能使其缓慢地、有控制地释放农药有效成分而发挥其防治效果。缓释剂可以减少农药的分解以及挥发流失，使农药持效期延长，减少农药施用次数；还可以减少农药毒性，使液体农药固形化，便于包装、储运和使用，减少飘逸对环境的污染。

（9）烟雾剂，又称烟剂，是用农药原药和定量的助燃剂、氧化剂和发烟剂等均匀混合配置成的粉状制剂。点燃时药剂受热汽化，在空气中凝结成固体微粒。烟剂颗粒小，扩散性能好，能深入极小的空隙中，充分发挥药效。但受风和气流影响较大，一般只适用于森林、仓库和温室大棚里的有害生物防治。在喷烟机械发展的基础上开发出来的热雾剂，与烟雾剂具有类似的特点。它是将油溶性药剂溶解在具有适当闪点和黏度的溶剂中，再添加辅助剂加工成的制剂，使用时借助喷烟机械将制剂定量送至烟化管，与高温高速气流混合喷射，使药剂形成烟雾。

（10）超低量喷雾剂，一般是含农药有效成分 20% ～ 50% 的油剂，有的制剂中需要加入少量助溶剂，以提高原药的溶解度，有的需加入一些化学稳定剂或降低对植物药害的物质等。超低量喷雾剂不需稀释即可直接喷洒，因此需要选择高效、低毒、低残留、相容性好、挥发性弱、密度大、黏度小、闪点高的原药和溶剂，以提高药效和使用安全度，减少环境污染。

三、农药的使用方法

使用农药防治林业有害生物，首先要根据防治对象的发生规律、生活习性、发生特点，以及农药种类和剂型、施药环境等因素，选择最适用的施药方法及良好的工具，才能取得较好的防治效果，达到消灭病、虫、草害等目的，减少对环境的污染和对有益生物的危害。以下是常用的施药方法。

（一）喷雾法

喷雾法是利用施药机械按照用量将可湿性粉剂、乳油、水剂、可溶性粉剂、油剂、悬浮剂等药液喷到防治对象及其寄主表面。喷雾方式主要有针对性喷雾、漂移性喷雾、

循环喷雾、泡沫喷雾和静电喷雾等。影响喷雾效果的主要因素是药剂的湿润展布性能、雾滴的大小、生物表面结构和喷雾技术等。一般喷雾比喷粉的防治效果好。因为药液在植物、虫体上的附着力强，不易因风吹雨淋而流失，药效持久。不足之处是需要水源，使用不当易产生植物药害或污染环境。

（二）喷粉法

喷粉法是利用喷粉机具或撒粉机具喷粉或撒粉，通过气流把粉剂吹散后沉积到植物上的施药方法。其主要特点是不需要水，功效高，粉粒在植物上的沉积分布性能好，着药比较均匀，使用方便，是防治暴发性害虫的重要手段之一。虽然由于粉粒的飘逸问题使喷粉法的使用范围缩小了，但在特殊的农林环境，如温室、大棚、森林及果园中，喷粉法仍然是很好的施药方法之一。机动背负式弥雾喷粉机的功效及质量比手摇喷粉机高。虽然飞机喷粉效率最高，但是飞机喷粉对在叶背面危害的害虫防治效果不佳，不及地面喷粉效果好。气流、露水和雨水影响粉粒的沉淀，一般当风速超过 1 m/s 时不宜喷粉。施药后 24 小时内如有降雨应补喷。喷粉时间一般为早晚有露水时，此时效果较好，因为药粉可以更好地附着在植物上。喷粉人员应该在上风向顺风喷，不要逆风喷，以防止农药中毒。

（三）烟雾法

烟雾法是把油状农药分散成为烟雾状态的施药方法。烟雾一般是指直径为 0.1 ~ 10 μm 的微粒在空气中的分散体系。由于粒度很小，在空气中悬浮时间较长，烟雾态农药的沉积分布均匀，对病虫害的控制效果显著高于一般喷雾法和喷粉法。烟雾法必须利用专用的机具才能把油状农药分散成烟雾状态，需要在微风条件下和郁闭度较高的片林中使用，才能充分发挥效果。

（四）熏蒸法

熏蒸法是利用熏蒸剂或常温下容易蒸发的农药或易吸潮分解放出毒气的农药防治病虫害的施药方法。对于在密闭容器、仓库、运输车厢、船舱、集装箱中，特别是缝隙和隐蔽处的有害生物，熏蒸法是效率较高的农药使用方法。熏蒸时，要避免人、畜中毒并注意防火。熏蒸完毕要彻底通风散气，确认无毒气，方可进行其他工作。

（五）注射法

对于高大树木，可用针管插入树干内，使药液慢慢渗入，以防治病虫害或调节树木生长，该方法称为注射法，又称为打孔注药法。此法具有防效高、药效持久，不受树体高度、水源和气候条件的限制，对天敌影响小等优点。

（六）飞机施药法

用飞机将农药液剂、粉剂、颗粒剂等均匀地喷施在目标区域内的施药方法，叫飞机施药法，又叫航空喷雾喷粉法。它是效率最高的施药方法，并且具有成本低、效果好、防治及时等优点，适用于大面积森林、果园、草原和荒滩等地块施药，是森林病虫害防治的主要手段。适用于飞机喷施的农药剂型有粉剂、可湿性粉剂、水分散性粒剂、悬浮剂、干悬浮剂、乳油、水剂、油剂、颗粒剂等。飞机喷施杀虫剂，可用低容量喷雾和超低容量喷雾。低容量喷雾的施药液量为 10 ~ 15 L/hm²，超低容量喷雾的施药液量为 1 ~ 5 L/hm²，一般要求雾滴覆盖密度为 20 个 / cm² 以上；喷洒液中可添加适量尿素、磷酸二氢钾或食盐等，以减少雾滴挥发。油剂可直接用于超低容量喷雾，其闪点不得低于 70 ℃。

（七）其他使用方法

农药的使用方法还有熏烟法、施粒法、毒饵法、种苗处理法、土壤处理法、拌种法、撒施法、灌根法、涂抹法等。

四、农药的合理使用

结合林业生产实践和自然环境进行综合分析，灵活使用不同农药品种、剂型、施药技术和用药策略，可以有效地提高防治效果，避免药害以及残留污染对非靶标生物和环境的损害，并可以延缓有害生物抗药性的发生发展。

（一）正确选择农药

各种农药的防治对象均具有一定范围，农药的不同剂型均具有其最优的使用场合，各种有害生物均存在易受农药攻击的薄弱环节，不同的防治对象需要不同的施药方法。因此，农药使用者应当确认农药标签清晰，农药登记证号或者农药临时登记证号、农药生产许可证号或者生产批准文件号齐全后，方可使用农药。应当严格按照产品标签规定的剂量、防治对象、使用方法、施药适期、注意事项施用农药，不得随意改变。应当大力推广使用安全、高效、经济的农药。剧毒、高毒农药不得用于防治卫生害虫，不得用于瓜类、蔬菜、果树、茶叶、中草药等。国家禁止和限制使用的农药，必须严格遵守规定。

（二）注意环境因素的影响

合理用药必须考虑温度、湿度、雨水、光照、风、土壤性质和植物长势等环境因素。温度影响药剂的药效、挥发性、持效期，有害生物的活动和代谢等；湿度影响药剂的附着、吸收，植物的抗性，微生物的活动等；雨水造成农药的稀释、冲洗和流失等；光照影响农药的活性、分解和持效期等；风影响农药的使用操作、漂移污染等；土壤性质影响农药的稳定性和药效的发挥等；植物长势主要影响农药接近有害生物。一般通过选择适当的农药剂型、施药方法、施药时间来避免环境因素的不利影响，以发挥其有利的一面，达到合理用药的目的。

（三）合理混用农药

合理混用农药可以同时兼治几种病虫草害，提高对病虫杂草的防治效果，减少施药次数，发挥药剂之间的互补作用。混用原则是不影响药剂的化学性质，不破坏药剂的物理性状，毒性变小，药效不减退，不发生药害。注意：有机磷等酸性农药不能与石硫合剂等碱性农药或铜、锰、锌等金属离子的农药混用。

（四）防止产生抗药性

尽量减少连续使用单一药剂防治，如将无交互抗性农药轮换使用或混用，多种药剂搭配使用，避免长期连续单一使用一种农药；利用其他防治措施或选择最佳防治适期，以提高防治效果，控制农药使用次数，减轻选择压力，实施镶嵌式施药，为敏感生物提供庇护所等。

（五）安全使用农药

农药是一类生物毒剂，绝大多数对高等动物具有一定毒性，管理和使用不当，就可能造成人、畜中毒。储运和使用农药必须严格遵守有关规定，按照安全操作规程用药，妥善处理农药残液、废瓶和机具的洗刷液，以避免发生中毒事故。

第二章　林业有害生物图鉴

第一节　主要病害识别与防治

杨树腐烂病

【别名】　杨树烂皮病、臭皮病。

【寄主】　杨树。

【病原】　有性型为子囊菌亚门的污黑腐皮壳属（*Valsa sordida* Nit），其无性型为金黄壳囊孢菌（*Cytospora chrysosperm*），子囊壳多埋生子座内，呈长颈烧瓶状，未成熟时呈黄色，成熟为黑色。子囊棍棒状，中部略膨大，子囊孢子腊肠形。

【分布与危害】　驻马店全市均有分布，国内主要分布于山东、安徽、河北、河南、江苏等地，危害杨树枝干，引起皮层腐烂，导致造林失败和林木大量枯死。除危害杨树外，也危害柳树、榆树、槐树等其他树种。其病因是树苗携带的或林间病株上的病原真菌的传播，与施用叶面肥、化肥、杀虫剂等无关。

【识别】　主要发生于主干、大枝及分叉处。发病初期呈暗褐色水渍病斑，略肿胀，皮层组织腐烂变软，以手压之有水渗出，后失水下陷，有时病部树皮龟裂，甚至变为丝状，病斑有明显的黑褐色边缘，无固定形状，病斑在粗皮树种上表现不明显。后期在病斑上长出许多黑色小突起，此即病菌分生孢子器。在条件适宜时，病斑扩展速度很快，纵向扩展比横向扩展速度快。当病斑包围树干一周时，其上部即枯死。病部皮层变暗褐色糟烂，纤维素互相分离如麻状，易与木质部剥离，有时腐烂达木质部。

【发病规律】　3月中下旬开始发病，4月中下旬至6月上旬为发病盛期，7月后病势渐缓，秋季又复发，10月基本停止发展。杨树腐烂病菌是一种弱寄生菌，只能侵染生长不良、树势衰弱的苗木和林木，通过虫伤、冻伤、机械损伤等各种伤口侵入，

杨树腐烂病症状（陈元兵　摄）

一般生长健壮的树不易被侵染。

【防治技术】

提高树木生长势，增加树木抵抗力是防治杨树腐烂病的根本途径。

（1）选用抗病品种，如小叶杨。移栽时减少伤根，缩短假植期。移栽后及时灌足水，以保证成活。

（2）栽植后抚育管理，防治蛀干害虫，合理整枝并不留残桩。修枝应选择在冬季进行，尽量避免雨季修枝。避免强度修枝，剪锯口应涂石硫合剂消毒，或梧宁霉素涂抹，或高浓度喷雾。

（3）重感病的杨树应及时清除、烧毁，避免病菌传播。严重感染的林分彻底清除，以免形成新的侵染源，感染更大面积的林分。

（4）林地抚育管理，促使林木生长旺盛。进入冬季之前或早春病菌还没有进行繁殖传播之前，在幼龄地树干上喷施高浓度杀菌剂，中龄林要在树干涂刷杀菌剂、石硫合剂，或波尔多液可以防病。治疗病树应先刮除病斑，再涂刷药剂，效果较好。

杨树黑斑病

【别名】　杨树褐斑病。

【寄主】　杨树。

【病原】　杨树黑斑病属真菌性病害，病原主要是杨生盘二孢菌（*Marssoninabrunnea*），属半知菌亚门腔孢纲黑盘孢目盘二孢属。

【分布与危害】 驻马店全市均有分布，国内主要分布于河南、河北、黑龙江、吉林、内蒙古、陕西、江苏、辽宁、云南、新疆、安徽、湖北、湖南等地。

【识别】 主要在叶部正面，有时也在背面发病，初期病斑为黑色直径 0.5 mm 点斑，后变大，出现外缘黑色的小点，中间出现乳白色胶状物——

杨树黑斑病危害症状（谷梅红 摄）

分生孢子堆，再扩大成大斑，为不规则或大圆斑。在叶柄发病部病斑为红棕色或黑褐色小点，后变梭形，病斑多时叶柄发黑，叶脱落。在嫩梢上病斑梭形，形成溃疡。被害叶扭曲，严重时全叶变黑褐色枯死。

【发病规律】 病菌以菌丝体在病落叶或病枝梢中越冬，第二年春季 4 ~ 5 月初开始发病，产生分生孢子作为初侵染来源。病菌的传播主要通过雨滴飞溅。病菌孢子萌发的适温为 20 ~ 28 ℃。侵入后潜育期 2 ~ 8 天，条件适宜时很快产生孢子，进行新的侵染。7 ~ 8 月发病较重，9 月达到高峰，至落叶期病害停止。病害的发生与湿度密切相关，湿度大发病重，反之则轻。

【防治技术】

（1）检疫措施。由于杨树黑斑病具有潜伏侵染的特点，复发率较高，不同地区和苗圃带菌差异性很大，带菌苗木和插穗是病原菌远距离传播的重要途径，因此做好检疫工作可在一定程度上阻止病原菌的传播，尤其是产地检疫能从源头上切断杨树黑斑病的传播。

（2）加强营林措施。苗圃地幼苗出齐后及时间苗，造林后加强管理促使林木健壮生长，对已枯死或严重染病的树木及枯死枝条，要及时伐除或修剪掉，伐除的树木及枝条要集中烧毁，严防病菌扩散，并及时做好病树清除区域的更新栽植。秋季清除落叶并集中销毁。

（3）化学防治。在杨树黑斑病发病初期每 15 ~ 20 天喷药一次，可用 45% 代森锌、70% 甲基托布津 200 倍液，或 1∶1∶200 波尔多液、75% 百菌清可湿性粉剂 800 倍液喷雾。

（4）推广速生抗病品种，如沙拉杨、欧美杂交杨等。

板栗溃疡病

【别名】 干枯病、腐烂病和胴枯病。

【寄主】 主要危害在板栗的主干、主枝和侧枝上，表现为典型的溃疡病斑；在小枝和苗上则表现为枝枯型病斑。干部受病处以下的芽易萌发，使受害树呈灌丛状，不能形成良好的产果型树冠。在光滑的板栗枝、干上病部有红褐色或紫红褐色长条状不规则形斑。

【病原】 拟黑腐皮菌 [*Pseudovalsellamodonia（Tul.）Kobayashi*] 板栗溃疡病菌的有性阶段。

【分布与危害】 驻马店市主要分布在泌阳县、驿城区、确山县、遂平县。国内主要分布于河南、贵州、四川、广西、云南等地。

【识别】 板栗溃疡病在板栗的主干、主枝和侧枝上表现为典型的溃疡病斑；在小枝和苗上则表现为枝枯型病斑。主要危害树木的主干和枝干，染病后的枝干病斑迅速蔓延发病，最终导致树干枯死。危害较轻的也易导致抗病能力差，存活率、结出果实的数量与质量严重下降，甚者颗粒无收。发病的初期，该病源的分生孢子器开始活跃，在高湿的环境条件下，内部逐渐凸起露出表皮，向外蔓延生长，会在树干的表面形成红褐色的病斑，不规则或者近圆形，腐湿状。内部隆起肿大，会有茶色汁液半透明的汁液向外流出。

【发病规律】 板栗溃疡病的病原以菌丝体的形式在病树上越冬，来年的春天在温度适宜的情况下便会发生危害，分生孢子借助多种自然途径来传播扩散，传播距离较远，影响也较大，从侵染源的病口逐渐侵入内部，在侵染后一周左右的时间里便会形成病斑，源分生孢子与再生孢子重复多次侵染，病害加重。高温高湿的环境最有利于病害的发生，但温度过高病情也会放缓速度，在粗放的田园管理当中，土壤养分、肥水、种植等方面均会影响病害。

【防治技术】

（1）在春夏季节时，可以涂白主干下部与主茎，防止病菌的侵入与灼、冻伤，加强对其他病虫害的防治。

（2）刮除病斑，修剪病枝，在发病部位与伤口可涂抹5%的百菌清100～200倍液。

（3）加强栽培管理，如复垦、施肥等，增强树势，提高抗病力。

梨树腐烂病

【别名】 臭皮病。

【寄主】 梨树。

【病原】 苹果黑腐皮壳梨变种（*Valsa mali* var.pyri），属子囊菌亚门真菌。

【分布与危害】 驻马店全市均有分布，梨树腐烂病是梨树主要枝干病害，常引起大枝、整枝甚至成片梨树死亡，对生产影响很大。梨树腐烂病主要发生在七八年以上的盛果期梨树上，是梨树最重要的枝干病害。以侵染和危害主枝及较大的侧生枝为主，在主干上也有发生。当病斑环绕整个主枝时主枝即死亡，严重时可发生死树和毁园。

梨树腐烂病危害症状（一）

【识别】 溃疡型：发病初期病部隆起呈湿腐状，红褐色至暗褐色，按压病部下陷并流出褐色汁液，病组织松软，易撕离，有酒精味。病斑失水干缩后凹陷，周边开裂，其上散生小黑点。树皮潮湿时，从中涌出黄色丝状孢子角。

枯枝型：病斑多发生于衰弱植株的小枝上，形状不规则，干腐状，无明显边缘。病斑扩大迅速，很快环切，引起树枝枯死。病部表面密生小黑点，潮湿时，从中涌出

梨树腐烂病危害症状（二）

黄色丝状孢子角。果实受害，初期病斑圆形，褐色至红褐色软腐，后期中部散生黑色小粒点，并使全果腐烂。

【发病规律】 以子囊壳、分生孢子器和菌丝体在病组织上越冬，春天形成子囊孢子或分生孢子，随风雨传播，造成新的侵染。春季是病菌侵染和病斑扩展最快的时期，秋季次之。当果树受冻害、干旱、水肥条件不良等因素影响树势变弱时，形成发病高峰期。一年中春季盛发，夏季停止扩展，秋季再活动，冬季又停滞，出现两个高峰期。结果盛期管理不好，树势弱，水肥不足的易发病。

【防治技术】

（1）加强栽培管理，增强树势，提高树体抗病力，是预防腐烂病的根本措施。

（2）彻底清除树上病枯枝及修剪下的树枝，带出园外烧毁。

（3）早春、夏季注意查找病部，认真刮除病组织，涂抹杀菌剂。

核桃腐烂病

【别　名】　黑水病。

【寄　主】　主要危害核桃树及其他果树。在驻马店市主要寄主是核桃。

【病　原】　胡桃壳囊孢（*Cytospora juglandicola*），属半知菌亚门球壳孢目真菌。分生孢子器埋生在寄主表皮的子座中。分生孢子器形状不规则，多室，黑褐色，具长颈，成熟后突破表皮外露。分生孢子单胞、无色、香蕉状。

【分布与危害】　驻马店全市均有分布。

【识　别】　主要危害树干的皮层。主干和侧枝上的病斑，初期近菱形，暗灰色，水渍状，微肿起，用手指按压流出带泡沫状的液体，病皮变褐色，有酒糟味。病皮失水下陷、病斑上散生许多小黑点（分生孢子器）。当空气潮湿时，小黑点上涌出橘红色胶质丝状物（分生孢子角）。病斑沿树干的纵横方向发展，后期皮层纵向开裂，流出大

核桃腐烂病危害症状

量黑水。大树主干上病斑初期隐藏在韧皮部，有时许多病斑呈小岛状相互串联，周围集结大量白色菌丝层。一般从外表看不出明显的症状，当发现由皮层向外溢出黑色黏稠的液滴时，皮下已扩展为纵长数厘米，甚至长达 20 cm 以上的病斑。后期沿树皮裂缝流出黏稠的黑水糊在树干上，干后发亮，似刷了一层黑气。枝条失绿，皮层充水与木质部剥离，随水迅速失水，枝条干枯，其上产生黑色小点。

【发病规律】　以菌丝体或子座及分生孢子器在病部越冬。翌春核桃树液流动后，遇有适宜发病条件，产出分生孢子，分生孢子通过风雨或昆虫传播，从嫁接口、伤口等处侵入，病害发生后逐渐扩展。生长期可发生多次侵染。春秋两季为一年的发病高峰期，特别是在 4 月中旬至 5 月下旬为害最重。一般在核桃树管理粗放、土层瘠薄、排水不良、肥水不足、树势衰弱或遭受冻害及盐害的核桃树易感染此病。

【防治技术】

（1）刮治病斑：一般早春进行，也可在生长季节发现病斑随时刮治。刮后涂抹伤口。对枝干上的病斑、菌瘤等精心刮除，刮至白（好）皮为止，然后使用溃腐灵原液均匀涂抹，涂抹范围要大出刮治范围 2 ~ 3 cm，严重的间隔 7 天补抹 1 次。

（2）冬季日照较长的地区，冬前先刮病斑，然后涂刷白涂剂，预防树干受冻。

青杨叶锈病

【别名】 落叶松杨锈病。

【寄主】 主要是杨树、落叶松。在驻马店市主要寄主是杨树。

【病原】 病原为落叶松杨栅锈菌（*Melampsora larici-populina* Kleb），属担子菌亚门冬孢菌纲锈菌目栅锈菌属真菌。

【分布与危害】 驻马店全市均有分布，主要分布在上蔡县、平舆县、确山县。国内主要分布于西北、华北、东北等地区及云南、湖北、河南、安徽等省。

【识别】 春天，在落叶松针叶上先出现短段褪绿斑，其上有浅黄色小点，为病原菌的性孢子器。褪绿斑下表面产生半球形橘黄色的小疱，表皮破裂后露出黄粉堆，为病原菌的锈孢子器，有时几个连成一条。受病针叶局部变黄，逐渐干枯。感病杨叶背面产生半球形橘黄色小疱，为病原菌的夏孢子堆。晚夏以后，在叶面长出稍隆起的不规则斑，初

青杨叶锈病症状（姜其军　摄）

为铁锈色，逐渐变为暗褐色，为病原菌的冬孢子堆。病重的叶片冬孢子堆连结成片，甚至布满整个叶面。

【发病规律】 落叶松杨锈菌属于转主寄生长循环型生活史真菌。以冬孢子在杨树落叶上越冬。春天，落地病叶上的冬孢子经水浸泡，萌发产生担孢子，担孢子借风力飞于落叶松针叶上，萌发后穿透表皮或从气孔侵入，产生性孢子器及锈孢子器。锈孢子借风力飞落到杨树叶上，萌发从气孔侵入或穿透表皮侵入，产生夏孢子堆。夏孢子可重复产生，重复侵染，从而扩大和加重病情。晚夏以后，逐渐长出冬孢子堆。冬孢子随病叶落地越冬。多雨的年份和地区，生长密集、通风不良的潮湿环境中，病情

严重。青杨派高度感病，黑杨派抗病至高度抗病，白杨派免疫。

【防治技术】

（1）避免近距离混植落叶松和杨树。

（2）药剂防治：波尔多液、百菌清、多菌灵、甲基托布津、退菌特、粉锈宁等，防治本病都有比较好的效果。

（3）选育抗锈病树种。

梨锈病

【别称】 赤星病、羊胡子病。

【寄主】 梨树、山楂、棠梨、贴梗海棠等。

【病原】 梨胶锈菌（*Gymnosporangium haraeanum* spd），担子菌门胶锈菌属真菌，病菌在整个生活史上可产生4种类型孢子：性孢子器（性孢子、受精丝）、锈孢子、冬孢子、担孢子。

【分布与危害】 我国南北果区均有发生，主要危害叶片、新梢和幼果，但一般不造成严重危害，仅在果园附近种植桧柏类树木较多的风景区和城市郊区危害较重。

【识别】 主要危害叶片、新梢和幼果。叶片受害，叶正面形成橙黄色圆形病斑，并密生橙黄色针头大的小点，即性孢子器。潮湿时，溢出淡黄色黏液，即性孢子，后期小粒点变为黑色。病斑对应的叶背面组织增厚，并长出一丛灰黄色毛状物，即锈孢子器。毛状物破裂后散出黄褐色粉末，即锈孢子。果实、果梗、新梢、叶柄受害，初期病斑与叶片上的相似，后期在同一病斑的表面产生毛状物。转主寄主桧柏染病后，次年3月，在针叶、叶腋或小枝上可见红褐色、圆锥形的角状物（冬孢子角）。春雨后，冬孢子角吸水膨胀为橙黄色舌状胶质块。

梨锈病危害症状

梨锈病叶片危害症状

【发病规律】 梨锈病病菌是以多年生菌丝体在桧柏枝上形成菌瘿越冬，翌春3月形成冬孢子角，冬孢子萌发产生大量的担孢子，担孢子随风雨传播到梨树上，侵染梨的叶片等，但不再侵染桧柏。梨树自展叶开始到展叶后20天内最易感病，展叶25天以上，叶片一般不再感染。病菌侵染后经6～10天的潜育期，即可在叶片正面呈现橙黄色病斑，接着在病斑上长出性孢子器，在性孢子器内产生性孢子。在叶背面形成锈孢子器，并产生锈孢子，锈孢子不再侵染梨树，而借风传播到桧柏等转主寄主的嫩叶和新梢上，萌发侵入危害，并在其上越夏、越冬，到翌春再形成冬孢子角。冬孢子角上的冬孢子萌发产生的担孢子又借风传到梨树上侵染危害，而不能侵染桧柏等。梨锈病病菌无夏孢子阶段，不发生重复侵染，一年中只有一个短时期内产生担孢子侵染梨树。

【防治技术】

（1）清除转主寄主。清除梨园周围5 km以内的桧柏、龙柏等转主寄主，是防治梨锈病最彻底有效的措施。

（2）铲除越冬病菌。如梨园近风景区或绿化区，桧柏等转主寄主不能清除时，则应在桧柏树上喷杀菌农药，铲除越冬病菌，减少侵染源。即在3月上中旬（梨树发芽前）对桧柏等转主寄主先剪除病瘿，然后喷布波美度4～5石硫合剂。

（3）喷药防治。在梨树上喷药，应掌握在梨树萌芽期至展叶后25天内，即担孢子传播侵染的盛期进行。从梨展叶开始至5月下旬止，可喷1:2:（200～240）倍波尔多液进行保护。如已经发病，可喷20%粉锈宁600倍液、12.5%烯唑醇3 000倍液进行防治。

板栗锈病

【别名】 栗叶锈病。

【寄主】 栎树、板栗。

【病原】 病原菌为 *Pucciniastrum castaneae* Diet，属担子菌亚门冬孢菌纲锈菌目无柄锈菌科栗膨痂锈菌属。

【分布与危害】 驻马店全市各栗树栽培区均有分布，主要分布在泌阳县、确山县、遂平县。国内四川、云南、湖南、广东等地有分布。

【识别】 病害发生在叶片上，在叶背面产生黄色或褐色疱状锈斑，表皮破裂后即露出黄色粉末，为病菌的夏孢子堆和夏孢子。秋季落叶前，在病斑背面产生蜡质状的褐色斑点，为病菌的冬孢子堆。

【发病规律】 以冬孢子堆在落叶上越冬。6月中下旬开始发病，8～9月为发病

板栗锈病危害症状

盛期，9月下旬出现冬孢子堆。干旱、气温高的年份以及较郁闭的栗园发病严重。

【防治技术】

（1）清扫病落叶，烧毁或深埋。

（2）发病前喷1∶1∶160倍波尔多液或50%多菌灵可湿性粉剂600～800倍液；8月喷洒15%粉锈宁可湿性粉剂500倍液，每周一次，连续两次。

葡萄白粉病

【别名】 葡萄白粉病。

【寄主】 葡萄。

【病原】 葡萄钩丝壳菌（*Uncinula necator*），属子囊菌亚门真菌，菌丝白色，蔓延在寄主表皮外。分生孢子念珠状串生，单胞，椭圆形或卵圆形。子囊壳圆球形，黑褐色，外有钩针状附属丝，子囊壳内有多个椭圆形的子囊，子囊内有4～6个子囊孢子，子囊孢子单胞。

【分布与危害】 驻马店市各葡萄园均有发生。

【识别】 葡萄白粉病主要危害叶片、新梢及果实等幼嫩器官，老叶及着色果实较少受害。葡萄展叶期叶面或叶背产生白色或褪绿小斑，病斑逐渐扩大，表面长出粉白色霉斑，严重的遍及全叶，致叶片卷缩或干枯。果实染病出现黑色芒状花纹，上覆一层白粉，病部表皮变为褐色或紫褐色至灰黑色。因局部发育停滞，形成畸形果，易龟裂露出种子。果实发酸，穗轴和果实容易变脆。

【发病规律】 病菌菌丝体在被害组织内或芽鳞间越冬。第二年条件适宜时产生分生孢子，分生孢子借气流传播，侵入寄主组织后，菌丝蔓延于表皮外，以吸器伸入寄主表皮细胞内吸取营养。分生孢子萌发的最适温度为25～28℃，空气相对温度较

叶片危害症状

果实危害症状

低时也能萌发。葡萄白粉病一般在 6 月中下旬开始发病，7 月中旬渐入发病盛期。夏季干旱或闷热多云的天气有利于病害发生。葡萄栽植过密、枝叶过多、通风不良时利于发病。

【防治技术】

（1）清除菌源。秋后剪除病梢，清扫病叶、病果及其他病菌残体，集中烧毁。

（2）加强栽培管理。注意及时摘心绑蔓，剪除副梢及卷须，保持通风透光良好。雨季注意排水防涝，喷磷酸二氢钾等叶面肥和根施复合肥，增强树势，提高抗病力。

（3）在葡萄芽膨大而未发芽前喷波美度 3～5 石硫合剂，6 月开始每 15 天喷 1 次波尔多液，连续喷 2～3 次进行预防；发病初期喷洒 70% 甲基硫菌灵可湿性粉剂 1 000 倍液、40% 多·硫悬浮剂 600 倍液、56% 嘧菌酯百菌清 600 倍液。

葡萄霜霉病

【寄主】 葡萄。

【病原】 葡萄霜霉菌（*Plasmopara viticola*），属鞭毛菌亚门卵菌纲霜霉目单轴霉属。该菌为专性寄生菌，只危害葡萄。

【分布与危害】 驻马店全市各葡萄园均有发生。

【识别】 叶片受害时最初在叶面上产生半透明、水渍状、边缘不清晰的小斑点，后逐渐扩大为淡黄色至黄褐色多角形病斑，大小形状不一，有时数个病斑连在一起，形成黄褐色干枯的大型病斑。空气潮湿时病斑背面产生白色霉状物。后病斑干枯呈褐色，病叶易提早脱落。嫩梢、卷须、叶柄、花穗梗感病，病斑初为半透明水渍状斑点，后逐渐扩大，病斑呈黄褐色至褐色、稍凹陷，空气湿度大时，病斑上产生较稀疏的白色霉状物，病梢生长停止，扭曲，严重时枯死。幼果感病时病斑近圆形、呈灰绿色，表面生有白色霉状物，后皱缩脱落，果粒长大后感病，一般不形成霉状物。穗轴感病，

叶部受害症状　　　　　　　　　　　　　　果实受害症状

会引起部分果穗或整个果穗脱落。

【发病规律】 葡萄霜霉病菌以卵孢子在病组织中越冬，或随病叶残留于土壤中越冬。翌年在适宜条件下卵孢子萌发产生芽孢囊，再由芽孢囊产生游动孢子，借风雨传播，自叶背气孔侵入，进行初次侵染。经过 7 ~ 12 天的潜育期，在病部产生孢囊梗及孢子囊，孢子萌发产生游动孢子进行再次侵染。孢子囊萌发适宜温度为 10 ~ 15 ℃。游动孢子萌发的适宜温度为 18 ~ 24 ℃。秋季低温，多雨多露，易引起病害流行。果园地势低洼、架面通风不良、树势衰弱，有利于病害发生。

【防治技术】

（1）清除菌源，秋季彻底清扫果园，剪除病梢，收集病叶，集中深埋或烧毁。

（2）加强果园管理，及时夏剪，引缚枝蔓，改善架面通风透光条件。注意除草、排水、降低地面湿度。适当增施磷钾肥，提高植株抗病能力。

（3）药剂防治。发病前喷 25% 阿米西达 1 500 倍液预防，以后每隔 10 天喷 1 次，连喷 3 ~ 4 次。

桂花炭疽病

【寄主】 桂花、花椒、兰花等。

【病原】 胶孢炭疽菌（*Colletotrichum gloeosporiodes*），属半知菌亚门炭疽菌属。

【分布与危害】 驻马店全市均有发生。国内主要分布在北京、上海、河南、广东、四川等地。

【识别】 叶片病斑初期为褪绿小点，扩大后呈圆形、椭圆形、半圆形或不规则形，直径 3 ~ 10 mm，中央灰褐色至灰白色，边缘褐色至红褐色，后期散生小黑点，也有排列成轮纹状，是病菌分生孢子盘。潮湿时小黑点上分泌出粉红色黏液，是病菌分生孢子与黏液混合物。

【发病规律】 该病菌喜欢高温、高湿，容易侵染生长衰弱的植株，苗木和幼树发病比大树重；病菌在病叶和病落叶中越冬，翌年 6 ~ 7 月，借风雨传播。温室和露地栽植都发病，盆栽浇水过多、湿度过大时容易发病；7 ~ 9 月为发病盛期。温室内放置过密、通风不良发病重。

叶片受害症状

【防治技术】

（1）冬季清除落叶，用 1% 波尔多液进行树体和地面消毒。

（2）合理密植，注意通风透气；科学施肥，增施磷钾肥，提高植株抗病力；适时灌溉，雨后及时排水，防止湿气滞留；及时剪除病枝叶，集中销毁，减少浸染源。

（3）发病初期喷洒杀菌剂，如 70% 甲基托布津 1 000 倍液、80% 代森锰锌 500 倍液、嗪氨灵 500 倍液或其他杀菌剂。各种杀菌剂宜交替使用或混合使用。

紫薇白粉病

【寄主】 紫薇。

【病原】 南方小钩丝壳（*Uncinuliella australiana*），属子囊菌亚门核菌纲白粉菌目。

【分布与危害】 驻马店全市均有发生。

【识别】 主要侵害紫薇的幼嫩组织，危害枝条、嫩梢、花芽及花蕾。发病初期，叶片上出现白色小粉斑，扩大后呈圆形或不规则形褪色斑块，上面覆盖一层白色粉状霉层，后期白色粉状霉层会变为灰色。花受侵染后，表面被覆白粉层，花穗畸形，失去观赏价值。受白粉病侵害的植株会变得矮小，嫩叶扭曲、畸形、枯萎，叶片不开展、变小，枝条畸形等，严重时整个植株都会死亡。

【发病规律】 该菌以菌丝体在病芽、病枝条或落叶上越冬，翌年春天温度适合时越冬菌丝开始生长发育，产生大量的分生孢子，并借助气流进行传播和侵染。病害一般在 4 月

叶片受害症状（许青云 摄）

开始发生，6 月趋于严重，7 ~ 8 月会因为天气燥热而趋缓或停止，但 9 ~ 10 月又可能再度重发。在雨季或相对湿度较高的条件下发病严重，偏施氮肥、植株栽植过密或通风透光不良均有利于发病。

【防治技术】

（1）修剪。紫薇萌生力强，可借冬季修剪，除去病枝，清除落叶及病残枝梢，减少病原。家庭盆栽的紫薇如发现感染了白粉病，要及时摘除病叶，并将花盆放置在通风透光处。

（2）药剂防治。发病严重的地区，可在春季萌芽前在枝干上喷洒波美度 3 ~ 4 石硫合剂；生长季节发病时可喷洒 80% 代森锌可湿性粉剂 500 倍液，或 70% 甲基托布津 1 000 倍液，或 20% 粉锈宁（三唑酮）乳油 1 500 倍液，以及 50% 多菌灵可湿性粉剂 8 000 倍液。

冠瘿病

【别名】 根癌病、根瘤病。

【寄主】 可危害苹果属、梨属、山楂属等 331 个属的 640 个不同种植物。在驻马店市主要寄主是梨、山楂、李、樱花等植物。

【病原】 冠瘿病菌 *Agrobacterium tumefaciens*（Smith and Townsend）Conn，为根癌土壤杆菌，属革兰氏阴性菌。

【分布与危害】 驻马店全市均有分布。国内主要分布于河南、陕西、甘肃、山东、辽宁、河北、北京、吉林、浙江、福建、安徽、新疆等地。受害树木生长衰弱，如果根颈和主干上的病瘤环周，则寄主生长趋于停滞，叶片发黄而早落，甚至枯死。

【识别】 初期在被害处形成表面光滑、质地柔软的灰白色瘤状物，难以与愈伤组织区分。但它较愈伤组织发育快，后期形成大瘤，瘤面粗糙并龟裂，质地坚硬，可轻轻将瘤掰掉，瘤的直径最大可达 30 cm。

【发病规律】 冠瘿病病原菌在病瘤中、土壤中或土壤中的寄主残体内越冬。存活 1 年以上，2 年内得不到侵染机会即失去生活力。由伤口侵入，在寄主细胞壁上有一种糖蛋白是侵染附着点，嫁接、害虫和中耕造成

刺槐冠瘿病症状（许青云　摄）

的伤口均可引起此病侵染。在微碱性、土壤黏重、排水不良的圃地以及切接苗木、幼苗上发病多且重。

【防治技术】

（1）检疫措施。加强检疫，严禁从疫区调入带病苗木，发现带疫苗木应及时销毁。

（2）化学防治。在寄主植物生长期间，对初发病的带疫植株，可切除病瘤，并用石硫合剂或波尔多液涂抹伤口，或拔除销毁。大树枝干和根部的肿瘤，可用利刃切除，伤口涂抹杀菌剂消毒。

（3）育苗前对苗床消毒；栽植前用链霉素液浸根 30 min，或 1% 硫酸铜浸根 5 min，用水清洗干净，然后栽植。

竹子丛枝病

【别名】 雀巢病、竹扫帚病。

【寄主】 寄主有淡竹、箬竹、刺竹、刚竹、哺鸡竹、苦竹、短穗竹。在驻马店市主要寄主是淡竹、刚竹等。

【病原】 病原子核 *Balansiatake*（Miyake）Hara，属子囊菌亚门核菌壳目。

【分布与危害】 驻马店全市均有分布。国内主要分布于河南、江苏、浙江、湖南、贵州等地。病竹生长衰弱，发笋减少，重病株逐渐枯死，严重发病的竹林常因此衰败。

【识别】 发病初期，少数竹枝发病。病枝春天不断延伸多节细弱的蔓枝。每年 4 ~ 6 月间，病枝顶端鞘内产生白色米粒状物，大小为 5 ~ 8 mm。有时在 9 ~ 10 月间，新生长出来的病枝梢端的叶鞘内，也产

竹子丛枝病症状（陈元兵 摄）

生白色米粒状物。病株先从少数竹枝发病，数年内逐步发展到全部竹枝。

【发病规律】 病害的发生是由个别竹枝发展至其他竹枝，由点扩展至片。有时从多年生的竹鞭上长出矮小而细弱的嫩竹，当年就出现明显的小枝丛生和小枝梢端产生米粒状物。老竹林及管理不良、生长细弱的生林容易发病。

【防治技术】

（1）建造新竹林时，不能在病区挖取母竹。

（2）及早砍除病株，逐年反复进行，可收到良好的效果。

（3）化学防治。选用 25% 粉锈剂 250 倍液喷雾或注入竹腔内（每株注入 30 mL），对病害有一定的抑制作用。

泡桐丛枝病

【别名】 扫帚病、聋病疯病。

【寄主】 泡桐。

【病原】 该病由类菌原体 Mycoplasma Like Organism（简称 MLO）所致。

【分布与危害】 驻马店全市均有分布。国内分布于河南、山东、安徽、陕西、江苏、浙江、江西、湖北、湖南等地。轻者影响植株生长，重者造成树木死亡，特别是 5 年生以下幼树，死亡率更高，是威胁泡桐的重要病害之一。

【识别】 泡桐丛枝病是一种系统侵染病害，在枝、花、根部均可表现出症状。丛枝病常见的有两种类型：一是丛枝型。腋芽和不定芽大量萌生，抽生很多小枝，节间缩短，叶序紊乱，病叶黄化、小而薄，冬季小枝枯死不脱落，呈扫帚状。二是花变枝叶型。花瓣变成小叶状，花蕊形成小枝，小枝腋芽继续抽生，形成丛枝。病株的根部萌蘖丛生，提前枯死。病苗的幼根呈水肿状，木质部发育不良，于冬季或早春软化腐烂。

【发病规律】 类菌原体可在泡桐病根、病枝韧皮部内潜伏越冬。由带病的种根和苗木传播。危害泡桐的刺吸式害虫如茶翅蝽等均可传病。连年留根育苗或平茬育苗，病株逐年增多。用种子育苗，在苗期及幼树阶段很少发病。用实生苗的根育苗比根生苗育苗发病轻，平茬苗、留根苗比当年插根育苗发病率高。

【防治技术】

（1）采用播种育苗或当年插根育苗，或种根用 50 ℃ 温水处理 10 ~ 15 分钟，均可减轻苗圃丛枝病的发生。

（2）对 2 ~ 5 年生病株，及时彻底修除当年生小病枝和环剥老病枝，可减轻病情。

桃缩叶病

【别名】 桃树缩叶病。

【寄主】 主要危害桃、油桃、碧桃、杏、樱桃、李等。在驻马店市主要寄主是桃树。

【病原】 桃缩叶病的病原物为畸形外囊菌 [*Taphrina deformans*（Berk.）Tul]，

病菌有性时期形成子囊及子囊孢子，多数子囊栅状排列成子实层，形成灰白色粉状物。

【分布与危害】 驻马店全市均有分布。

【识别】 桃缩叶病主要危害叶片，严重时也可以危害花、幼果和新梢。嫩叶刚伸出时就显现卷曲状，颜色发红。叶片逐渐开展，卷曲及皱缩的程度随之增加，致全叶呈波纹状凹凸，严重时叶片完全变形。病叶较肥大，叶片厚薄不均，质地松脆，呈淡黄色至红褐色；后期在病叶表面长出一层灰白色粉状物，即病菌的子囊层。病叶最后干枯脱落。

桃缩叶病危害症状

【发病规律】 桃缩叶病病菌以子囊孢子或芽孢子在桃芽鳞片上或潜入鳞片缝内越冬。翌年春季桃树萌芽时，越冬孢子也萌发长出芽管侵染嫩芽幼叶引起发病。初侵染发病后产生新的子囊孢子和芽孢子，通过风雨传播到桃芽鳞片上并潜伏在内越冬，当年一般不发生再侵染。桃缩叶病的发生与春季桃树萌芽展叶期的天气有密切关系，低温、多雨潮湿的天气延续时间长，不但有利于越冬孢子的萌发，而且延长了桃树萌芽展叶的时间，即延长了侵染时期，因而发病就重，若早春温暖干旱，发病就轻。一般早熟品种较中熟、迟熟品种发病重。

【防治技术】

（1）如有少数病叶出现，应及时摘除，集中烧毁，以减少第二年的菌源。

（2）发病重、落叶多的桃园，要增施肥料，加强栽培管理，以促使树势恢复。

（3）药剂防治：在早春桃芽开始膨大但未展开时，喷洒波美度5石硫合剂一次，这样连续喷药二三年，就可彻底根除桃缩叶病。在发病很严重的桃园，由于果园内菌量极多，一次喷药往往不能全歼病菌，可在当年桃树落叶后（11～12月）喷2%～3%硫酸铜一次，以杀灭粘附在冬芽上的大量芽孢子。到第二年早春再喷波美度5石硫合剂一次，使防治效果更加稳定。早春萌芽期喷用的药剂，除波美度5石硫合剂外，也可喷用1%波尔多液。

第二节　主要害虫识别与防治

一、食叶类害虫

美国白蛾

【中文学名】　美国白蛾。

【拉丁学名】　*Hyphantria cunea*（Drury）。

【别名】　美国灯蛾、秋幕毛虫、秋幕蛾。

【分类】　鳞翅目灯蛾科。

【寄主】　美国白蛾属典型的多食性害虫，可危害多种林木、农作物和野生植物，以危害阔叶树为主，如复叶槭、白蜡、法桐、杨树等。

【分布】　驻马店全市均有分布。国内主要分布在辽宁、河北、山东、北京、天津、陕西、河南、吉林、安徽、湖北等地。

【危害】　初孵幼虫有吐丝结网、群居危害的习性，每株树上多达几百只、上千只幼虫危害。以幼虫取食叶片，常把树木叶片蚕食一光，严重影响树木生长。

【识别】

成虫　白色，体长 13 ~ 15 mm。复眼黑褐色，口器短而纤细；胸部背面密布白色绒毛。雄成虫触角黑色，栉齿状；翅展 23 ~ 34 mm，前翅散生黑褐色小斑点。雌成虫触角褐色，锯齿状；翅展 33 ~ 44 mm，前翅纯白色，后翅通常为纯白色。

卵　圆球形，直径约 0.5 mm，初产卵呈浅黄绿色或浅绿色，后变灰绿色，孵化前变灰褐色，有较强的光泽。卵单层排列成块，覆盖白色鳞毛。

美国白蛾成虫和卵（崔晓琦　摄）

幼虫　老熟幼虫体长 28 ~ 35 mm，头黑，具光泽。体黄绿色至灰黑色，背线、气门上线、气门下线浅黄色。背部毛瘤黑色，体侧毛瘤多为橙黄色，毛瘤上着生白色长毛丛。腹足外侧黑色。气门白色，椭圆形，具黑边。根据幼虫的形态，可分为黑头型和红头型两型，其在低龄时就明显可以分辨。三龄后，从体色、色斑、毛瘤及其上的刚毛颜色上更易区别。

蛹 体长 8 ~ 15 mm、宽 3 ~ 5 mm，暗红褐色。雄蛹瘦小，雌蛹较肥大，蛹外被有黄褐色薄丝质茧，茧上的丝混杂着幼虫的体毛共同形成网状物。腹部各节除节间外，布满凹陷刻点，臀刺 8 ~ 17 根，每根钩刺的末端呈喇叭口状，中凹陷。

美国白蛾幼虫（崔晓琦　摄）

【生活史】

美国白蛾在驻马店市 1 年发生 3 代，以蛹越冬。每年的 4 月下旬是越冬代成虫羽化期高峰期，并产卵。幼虫 5 月上旬开始危害，一直延续至 6 月下旬。7 月上旬，第 1 代成虫出现。第 2 代幼虫 7 月中旬开始发生，8 月中旬危害严重，经常发生整株树叶被吃光的现象。8 月，出现世代重叠现象，可以同时发现卵、初龄幼虫、老龄幼虫、蛹及成虫。8 月中旬，当年第 2 代成虫开始羽化；第 3 代幼虫从 9 月上旬开始危害，直至 11 月上旬；10 月中旬，第 3 代幼虫陆续化蛹越冬。越冬蛹期一直持续到第二年 5 月。由于气候及各种天敌的作用，越冬蛹残废率很高，能达到 70% ~ 80%。

【习性】

卵期 雌蛾产卵多集中在 3：00 ~ 10：00 和 14：00 ~ 22：00，成虫产卵多产于叶背面。一般第 1 代成虫多产卵于树冠中下部外围，第 2 代则多产卵于树冠中上部外围。卵块上附有许多雌虫腹部白色鳞毛，具有很好的拒水性，可起到保护卵块的作用。卵块多呈不规则的单层块状排列。每个雌蛾平均产卵 500 粒左右。

幼虫期 初孵幼虫孵化后不久开始吐丝结网，1 ~ 3 龄幼虫营群居生活，取食寄主植物的叶肉组织，留下叶脉和上表皮，使叶片网状枯黄。4 龄幼虫开始分散取食，不断吐丝将被害叶片缀成网幕，将越来越多的叶片包进网幕中，网幕随龄期的增大而扩散，有的长达 1 ~ 2 m，甚至更大，犹如一层白纱缚在树木上。5 龄以后幼虫则开始抛弃网幕分散取食，食量大增，进入暴食期，被食后的叶片仅剩主脉和叶柄。

蛹期 一般化蛹前即停止取食，排空粪便，虫体收缩至 14 mm 左右，并在体外结成淡褐色、椭圆形的薄茧，经 2 ~ 3 天脱掉老皮化蛹。越冬代化蛹有趋暖的特性，大部分幼虫爬到背风、向阳的建筑物缝隙内、草垛中、屋檐下、砖瓦乱石堆中化蛹。越夏代老熟幼虫多选择树皮裂缝、树洞、树下表土层中。

成虫期 大多数成虫集中在黄昏前后羽化。成虫从清晨到黄昏均可交配，但以黎明和黄昏交配较多。美国白蛾成虫具有"趋光""趋味""喜食"3 个特性。美国白蛾对气味较为敏感，特别是对腥、香、臭味、异味敏感。一般在卫生条件较差的厕所、畜舍、臭水坑等周围树木，极易发生美国白蛾疫情。

【防治措施】

（1）人工挖蛹。越夏蛹在树皮裂缝、树洞、屋檐缝隙中查找。越冬代蛹则在树冠下的石头、瓦块下或地表枯枝落叶中查找。

（2）人工剪除网幕。幼虫4龄前，每隔2~3天仔细查找一遍美国白蛾幼虫网幕。发现网幕，用高枝剪将网幕连同小枝一起剪下。剪下的网幕必须立即集中烧毁或深埋，散落在地上的幼虫应立即杀死。

（3）灯光诱杀。成虫羽化期，设置诱虫灯诱杀成虫。

（4）绑草把诱蛹。根据美国白蛾老熟幼虫下树化蛹特性，于老熟幼虫下树前，在树干0.8~1.5 m高处，用谷草、稻草、草帘等围成下紧上松的草把，诱集老熟幼虫集中化蛹，定期解下草把连同老熟幼虫集中销毁。采取这一灭杀措施分为三个时间段，分别为6月10日至6月30日、7月20日至8月10日、9月20日至10月10日。

（5）释放周氏啮小蜂。在美国白蛾老熟幼虫期和化蛹初期，气温25℃以上、晴朗、风力小于3级的天气进行。放蜂时，把即将羽化出蜂的柞蚕茧用皮筋套挂或直接挂在树枝上，或用大头针钉在树干上，让白蛾周氏啮小蜂自然羽化飞出。

（6）药剂防治。使用烟碱·苦参碱乳油1 500~2 000倍液、25%甲维·灭幼脲悬浮剂1 500~2 000倍液、10%阿维·除虫脲悬浮剂1 500~2 000倍液或25%阿维·灭幼脲悬浮剂1 500~2 000倍液喷洒叶面，常用喷药量为30~50 g/亩。

杨小舟蛾

【中文学名】 杨小舟蛾。

【拉丁学名】 *Micromelalopha troglodyta*（Graeser）。

【别名】 杨小褐天社蛾。

【分类】 鳞翅目舟蛾科。

【寄主】 杨、柳。

【分布】 驻马店全市均有分布，国内分布于江西、河南、河北、陕西、山东、浙江、江苏、安徽、四川、黑龙江、吉林、辽宁等地。

【危害】 以幼虫危害杨、柳叶片，在驻马店市主要危害杨树，是杨树的主要害虫，具有突发性、暴食性的特点，易暴发成灾，常将整片林子叶片吃光，似火烧状。

【识别】

成虫 翅展24~26 mm。体色变化较多，有黄褐、红褐和暗褐等颜色。前翅有3条灰白色横线，每线两侧具暗边，内横线在亚中褶下呈屋顶形分叉，外叉不如内叉明显，外横线波浪形，亚外缘线由脉间黑点组成波浪形，横脉为1小黑点。后翅臀角有1

赭色或红褐色小斑。

卵 半球形，黄绿色，紧密排列于叶面呈块状。

幼虫 体色变化较大，灰褐色、灰绿色，体长 21～23 mm，微带紫色光泽，体侧各具一条黄色纵带，体上生有不显著的肉瘤，以腹部第 1、8 节背面的较大。

蛹 褐色，近纺锤形。

杨小舟蛾幼虫（陈元兵 摄）

杨小舟蛾蛹（陈元兵 摄）

杨小舟蛾成虫（陈元兵 摄）

【**生活史**】 在驻马店市 1 年发生 6～7 代，以蛹越冬，自第 1 代起开始出现世代重叠现象，第 6 代、第 7 代部分世代不完整。越冬代成虫羽化盛期为 4 月下旬，5 月中旬为第 1 代幼虫危害盛期，5 月下旬为化蛹盛期，5 月底 6 月初为第 1 代成虫羽化盛期；6 月上中旬处于杨小舟蛾第 2 代危害盛期，6 月下旬为化蛹盛期，6 月底 7 月初为第 2 代成虫羽化盛期；7 月上中旬为杨小舟蛾第 3 代危害盛期，7 月下旬为第 3 代羽化盛期，此世代开始出现世代不整齐、重复现象；10 月上旬至中旬第 6 代部分幼虫和第 7 代幼虫化蛹越冬，一直持续到第二年 4 月。

【**习性**】 成虫白天隐匿，夜晚活动，交尾、产卵，卵多产于叶面或叶背，成虫有趋光性。初孵幼虫群集啃食叶表皮，稍大后分散，取食叶肉，仅留叶脉，7～8 月高温季节危害最烈。幼虫老熟后吐丝下树化蛹。越冬蛹不易发现，发生期蛹多在树基部表面或浅土、枯枝落叶中。

【**防治措施**】

（1）营林措施。营林措施是综合治理中的一项重要内容。结合更新采伐，营造杨桐、杨椿、杨槐或杨楝混交林。

（2）灯光诱杀。利用杨小舟蛾成虫的趋光性，在林间设置频振式杀虫灯、黑光灯

诱杀成虫，同时，还可根据诱杀成虫情况，对幼虫发生期进行准确预测。

（3）喷雾防治。尽量选择高效、低毒、对天敌影响小的生物制剂及仿生制剂。在第1代2～3龄期，叶面喷洒Bt制剂或150亿球孢白僵菌2 000倍液，或25%阿维·灭幼脲、25%甲维盐·灭幼脲2 000～3 000倍液，或3%高渗苯氧威2 000～3 000倍液。

（4）烟雾防治。对于林分郁闭度大的片林，采用烟雾机防治。选择晴朗天气或雨后，于无风或微风天气，10：00前或16：00后，用烟雾机进行喷烟防治。常用药剂为烟碱·苦参碱乳油，使用剂量为30～50 g/亩，药剂与柴油的配比为1∶9。

杨扇舟蛾

【中文学名】　杨扇舟蛾。

【拉丁学名】　*Clostera anachoreta*（Fabricius）。

【别名】　白杨天社蛾、白杨灰天社蛾、杨树天社蛾。

【分类】　鳞翅目舟蛾科。

【寄主】　杨树、柳树等。

【分布】　驻马店市均有分布。国内除广东、广西、海南和贵州外，均有分布。

【危害】　以幼虫危害杨树、柳树叶片，严重时在短期内将叶吃光，影响树木生长。

【识别】

成虫　体长13～20 mm，翅展28～42 mm。虫体灰褐色。头顶有1个椭圆形黑斑。臀毛簇末端暗褐色。前翅灰褐色，扇形，有灰白色横带4条，前翅顶角处有1个暗褐色三角形大斑，顶角斑下方有1个黑色圆点。外线前半段横过顶角斑，呈斜伸的双齿形曲，外衬2～3个黄褐带锈红色斑点。亚端线由一列脉间黑点组成，其中以2～3脉间一点较大而显著。后翅灰白色，中间有一横线。

杨扇舟蛾成虫交尾（陈元兵　摄）

幼虫　老熟幼虫体长32～40 mm，头部黑褐色，腹部灰白色，侧面呈绿色，体上长有白色细毛，腹部背面灰黄绿色，每节着生有环形排列的橙红色瘤8个，其上具有长毛，两侧各有较大的黑瘤，瘤上着生白色细毛一束，向外放射，腹部第1节和第8节背面中央有较大的红黑色瘤，臀板赭色。胸足褐色。

卵　初产时橙红色，孵化时暗灰色，馒头形。

蛹　褐色，尾部有分叉的臀棘。

茧　椭圆形，灰白色。

【生活史】　1年发生4代，以蛹过冬。翌年3月下旬第1代成虫羽化产卵，卵期7～11天。幼虫共5龄，幼虫期33～34天。初孵幼虫群栖，1～2龄时常在一叶上剥食叶肉，2龄后吐丝缀叶成苞，藏匿其间，在苞内啃食叶肉，遇惊后能吐丝下垂随

杨扇舟蛾幼虫（姜其军　摄）

风飘移，3龄后分散取食，逐渐向外扩散为害，严重时可将整株叶片食光。老熟时吐丝缀叶做薄茧化蛹，最后一代幼虫老熟后，以薄茧中的蛹在枯叶中、土块下、树皮裂缝、树洞及墙缝等处越冬。

【习性】　成虫昼伏夜出，多栖息于叶背面，趋光性强。一般上半夜交尾，下半夜产卵直至次日晨。雌蛾午夜后产卵于叶背面和嫩枝上，其中，越冬代成虫卵多产于枝干上，以后各代主要产于叶背面。

【防治措施】　防治措施同杨小舟蛾。

杨二尾舟蛾

【中文学名】　杨二尾舟蛾。

【拉丁学名】　*Cenura menciana* Moore。

【别名】　双尾天社蛾。

【分类】　鳞翅目舟蛾科。

【寄主】　杨、柳。

【分布】　驻马店全市均有分布，国内分布于东北、华北、华东等地区。

【危害】　危害叶片，虫体较大，食量大，易暴发成灾，常将整株叶片吃光。

【识别】

成虫　体长28～30 mm，翅展75～80 mm。头和胸部灰白而微带紫褐色，胸背有黑点二列，翅基片有2个黑点。腹背黑色，1～6节中央有灰白纵带，其两侧每节各有一黑点，末端2节灰白色，两侧为黑色，中央有黑纵纹4条。前翅灰白微带紫褐色，翅脉黑褐色、斑纹黑色，翅基部有3个黑点，翅面有约10条波状黑纵线，中室以外数条纵线，在靠近各条纵脉处，成明显的尖峰状向外突出。后翅灰白微带紫色，翅脉黑褐色，

横脉纹黑色。

卵　圆馒头状，赤褐色，中央有一个黑点。

幼虫　老熟幼虫体长 50 mm。头褐色，两颊具黑斑；体叶绿色。胸部背面明显呈三角形向上形成峰突，斑纹为紫红色，向后呈纺锤宽带伸向腹背末端，并有白边；臀足特化成向后延伸的尾角，且有翻缩腺自由伸出及缩进，容易与其他虫种区别。

杨二尾舟蛾幼虫（崔晓琦　摄）

蛹　椭圆形，灰黑色，极坚实，紧贴枝、干的茧中。

【生活史】　驻马店市 1 年发生 3 代，以蛹在茧内越冬。越冬代成虫 3 月下旬开始羽化产卵，5 月第 1 代幼虫出现；6 月中下旬第 1 代成虫羽化，7 月下旬至 8 月中旬第 2 代成虫出现，第 3 代幼虫危害到 9 月老熟结茧化蛹越冬。

【习性】　幼虫受惊后常从臀角伸出红色翻缩腺摇晃，而后慢慢收回。老熟幼虫于枝干分杈或树干啃咬树皮、木质碎屑，吐丝粘连在被啃凹陷处结茧。茧色与树皮色泽相近，质地坚硬。

【防治措施】　防治措施同杨小舟蛾。

黄翅缀叶野螟

【中文学名】　黄翅缀叶野螟。

【拉丁学名】　*Botyodes diniasalis* Walker。

【别名】　杨黄卷叶螟。

【分类】　鳞翅目螟蛾科。

【寄主】　杨树、柳树等。

【分布】　驻马店市均有分布。国内分布于河南、山东、河北、山西、北京等地。

【危害】　幼虫危害树木嫩梢的叶片，吐少量丝将叶片卷缀，藏在其内取食。发生严重时常把树叶吃光，形成秃梢，影响树木生长。

【识别】

成虫　体长 12 mm，翅展约 30 mm。体黄色，头部褐色，两侧有白条。触角淡褐色。胸、腹部背面淡黄褐色。雄成虫腹末有 1 束黑毛。翅黄色，前翅亚基线不明显，内横线穿过中室，中室中央有 1 个小斑点，斑点下侧有 1 条斜线伸向翅内缘，中室端脉有一块暗褐色肾形斑及一条白色新月形纹,外横线暗褐色波状,亚缘线波状。后翅有一块暗色中室端斑,有外横线和亚缘线。前、后翅缘毛基部有暗褐色线。

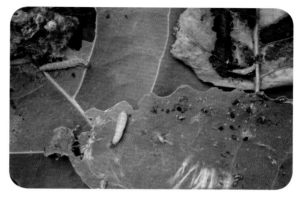

黄翅缀叶野螟蛹和幼虫（姜其军 摄）

幼虫 老熟幼虫体长 20 mm 左右,黄绿色,头部两侧近后缘有一个黑褐色斑点,胸部两侧各有一条黑褐色纵纹。体沿气门两侧各有一条浅黄色纵带。

卵 扁圆形,乳白色,近孵化时黄白色。成块排列,呈鱼鳞状。

蛹 长 15 mm,宽 4 mm,淡黄色。外被一层白色丝织薄茧。

【**生活史**】 在驻马店市 1 年发生 4 代,以初龄幼虫在落叶、地被物及树皮缝隙中结茧过冬。翌年 4 月初越冬幼虫开始出蛰危害,5 月底 6 月初,幼虫老熟化蛹。6 月上旬,成虫开始羽化,中旬为出现盛期。第 2 代成虫盛发期在 7 月中旬,第 3 代在 8 月中旬,第 4 代在 9 月中旬,直到 10 月中旬仍可见到少数成虫出现。

【**习性**】 成虫白天多隐藏于棉田、豆地及其他的作物或灌木丛中,夜晚活动,趋光性极强。卵产于叶背面,以中脉两侧最多,成块状或长条形。每块有卵 50 ~ 190 粒。幼虫孵化后分散啃食叶表皮,并吐出白色黏液涂在叶面,随后吐丝缀嫩叶呈饺子状,或在叶缘吐丝将叶折叠,藏在其中取食。幼虫长大,群集项梢吐丝缀叶取食,多雨季节最为猖獗,3 ~ 5 日内即把嫩叶吃光,形成秃梢。幼虫极活泼,稍受惊扰,即从卷叶内弹跳逃跑或吐丝下垂。老熟幼虫在卷叶内吐丝结白色稀疏的薄茧化蛹。

【**防治措施**】 防治措施同杨小舟蛾。

杨柳小卷蛾

【**中文学名**】 杨柳小卷蛾。

【**拉丁学名**】 *Gypsonoma minutana* Hubner。

【**别名**】 杨小卷叶蛾。

【**分类**】 鳞翅目卷蛾科。

【**寄主**】 杨树、柳树。

【**分布**】 驻马店全市均有分布。

【**危害**】 以幼虫食叶片,常将叶片食尽,削弱树势,严重时可使植株死亡,是驻马店市杨树的主要食叶害虫之一。

【识别】

成虫 体长约 5 mm，翅展约 13 mm。唇须前伸略向上举，末节短，末端钝。前翅狭长，斑纹由淡棕色到深褐色，基斑与中带间呈白色，基斑上夹杂有少许白色条纹；前缘有明显的钩状纹，顶角略凸出，外缘顶角下有凹陷。后翅灰褐色，缘毛灰色，翅面有黑褐色和灰白色波状纹和斑点，翅基有 1 条较宽灰白色波状横带。

杨柳小卷蛾成虫（许青云　摄）

幼虫 老熟幼虫体长约 6 mm，灰白色。头部淡褐色，前胸背板褐色，体毛上毛片褐色，两侧各有 2 个黑点，腹部第 5 节背面透过皮可见 2 个椭圆形褐色斑。

卵 呈圆球形。

蛹 体长约 6 mm，褐色。

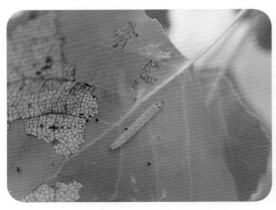

杨柳小卷蛾幼虫（李红勇　摄）

杨柳小卷蛾蛹（陈元兵　摄）

【生活史】 在驻马店市一般 1 年发生 3～4 代，以初龄幼虫在树皮缝隙中结茧过冬。翌年 4 月上旬杨树、柳树发芽后幼虫开始继续危害，4 月中下旬先后老熟化蛹、羽化。第 1 代幼虫始见于 5 月上旬，5 月中旬为羽化盛期，5 月底为末期。第 2 代成虫盛发期在 6 月上旬，这代成虫发生量最多，幼虫危害最重，以后世代重叠，各虫期参差不齐，直到 9 月上旬，仍有成虫出现，这代幼虫危害至 10 月底，即在树皮缝隙中结灰白色薄茧越冬。

【习性】 成虫夜晚活动，有趋光性。卵单粒散产在叶面上。幼虫孵化后，吐丝粘缀，将 1、2 片叶粘在一起，幼虫藏在其中啃食表皮呈半透明网状、箩网状。幼虫长大，吐丝把几片叶连缀在一起，形成一小撮叶。幼虫极活泼，受惊即弹跃逃跑。老熟幼虫在叶片黏结处吐丝结白色丝质薄茧化蛹。林木郁闭度大，4 ~ 5 年生幼树内侧枝上的叶片受害最重。

【防治措施】 在幼虫危害盛期用高效氯氰菊酯 1 500 ~ 2 000 倍喷雾，也可用 10% 阿维·虫脲悬浮剂每亩 30 ~ 50 g 喷雾，药杀幼虫均有显著效果；或在杨柳小卷蛾成虫羽化盛期用黑光灯或杀虫灯诱杀。

杨扁角叶爪叶蜂

【中文学名】 杨扁角叶爪叶蜂。

【拉丁学名】 *Stauronematus compressicornis*（Fabricius）。

【别名】 杨扁角叶蜂。

【分类】 膜翅目叶蜂科。

【寄主】 在驻马店市主要寄主是杨树。

【分布】 驻马店全市均有分布。国内分布于河南、河北、新疆、山东等地。

【危害】 以幼虫取食叶片，严重时将整株叶片吃光，影响景观，减少木材生长量，是驻马店市杨树的主要食叶害虫之一。

【识别】

成虫 雌虫体长 7 ~ 8 mm，雄虫体长 5 ~ 6 mm。黑色，有光泽，被稀疏白色短绒毛。触角褐色，侧扁。前胸背板、翅基片、足黄色（后胫节及附节尖端黑色）。翅透明，翅痣黑褐色，翅脉淡褐色。爪的内、外齿平行，基部膨大。

幼虫 初孵幼虫体长 1.8 ~ 2.0 mm。头黑褐色，头顶绿色，唇基前缘平截。体鲜绿色，胸部每节两侧各有 4 个黑斑，胸足黄褐色，身体上有许多不均匀的褐色小圆点。

蛹 长 6.0 ~ 7.5 mm，灰褐色，口器、触角、翅、足乳白色。腹部第 1 至第 8 节背面后鲜绿色。初为乳白色，后为茶褐色。

卵 椭圆形，长 1.3 ~ 1.5 mm、宽 0.3 mm，乳白色，表面光滑。

【生活史】 1 年发生 5 ~ 6 代，

杨扁角叶爪叶蜂幼虫（崔晓琦　摄）

以老熟幼虫在树根周围 20 ~ 40 mm 深土中做茧变为预蛹越冬。翌年 4 月上旬化蛹。4 月底羽化，随即产卵。成虫能孤雌生殖，卵经 4 ~ 5 天孵化。幼虫取食 10 天左右即老熟，世代重叠，至 10 月上旬幼虫下树越冬。

【习性】 成虫多在午后羽化。羽化整齐，一般 1 ~ 2 天成虫完全出土。初羽化成虫体较软弱，先在枝条上爬行，取食枝条和嫩叶上的黏液，并可做短距离飞行，到邻近树上继续爬行。

【防治措施】 叶面喷洒 Bt 制剂或 150 亿球孢白僵菌 2 000 倍液，或 25% 阿维·灭幼脲、25% 甲维盐·灭幼脲 2 000 ~ 3 000 倍液，或 3% 高渗苯氧威 2 000 ~ 3 000 倍液。

杨白潜蛾

【中文学名】 杨白潜蛾。

【拉丁学名】 *Leucoptera susinella* Herrich Schaffer。

【别名】 潜叶虫。

【分类】 鳞翅目叶蛾科。

【寄主】 杨树、柳树。

【分布】 黑龙江、吉林、辽宁、北京、河北、内蒙古、山东、河南等地。

【危害】 杨白潜蛾是杨树的主要害虫之一，不仅危害欧美杨，而且危害毛白杨，杨树叶片被潜食后变黑、焦枯，严重时满树枯叶，提前脱落。

【识别】

成虫 体长 3 ~ 4 mm，翅展 8 ~ 9 mm。头部白色，头顶微现乳黄色，上面有 1 束白色毛簇；复眼黑色，近半球形，常被触角节的鳞毛覆盖。胸部白色，足灰白色。前翅银白色，有光泽，前缘近 1/2 处有 1 条伸向后缘呈波纹状的斜带，带的中央黄色，两侧也具有褐线 1 条，后缘角有 1 条近三角形的斑纹，其底边及顶角黑色，中间灰色，沿此纹内侧有 1 条似缺环状开口于前缘的黄色带，两侧也有褐线 1 条，内侧的一条在翅的顶角处，颜色极深。后翅银白色，披针形，缘毛极长。腹部圆筒形，白色，腹面可见 6 节；雄虫第 9 节背板十分明显，极易与雌虫区别。

卵 扁圆形，长 0.3 mm，孵化前灰色，孵化后卵壳为灰白色。

幼虫 老熟幼虫体长 6.5 mm 左右。黄白色，体扁平。头部及每节侧方生有长毛 3 根，头部较窄，口器褐色向前方突出，触角 3 节，其侧后方各有黑褐色单眼 2 个。前胸背板乳白色。体节明显，以腹部第 3 节最大，后方逐渐缩小。

蛹 浅黄色，梭形，长 3 mm，藏于白色丝茧内。

【生活史】 该虫在驻马店市 1 年发生 4 ~ 5 代，以蛹在树皮缝或落叶上越冬。

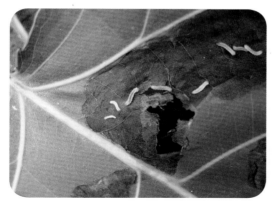

杨白潜蛾幼虫及危害状（杨明丽　摄）

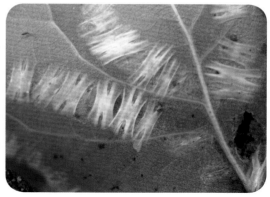

杨白潜蛾蛹（杨明丽　摄）

翌年4月中旬成虫羽化，6月下旬第2代成虫，7月下旬为第3代，8月下旬为第4代，9月中下旬为第5代，第5代大部分不能完成全部生活史。

【习性】　以蛹结茧在被害叶片或树皮缝中越冬。幼虫孵化后从卵壳底部蛀入叶肉，幼虫不能穿过主脉，老熟幼虫可以穿过侧脉取食，虫斑内充满粪便，因而呈黑色，几个虫斑相连形成一个棕黑色坏死大斑，致使整个叶片焦枯脱落。幼虫老熟后从叶片正面咬孔而出，生长季节多在叶背吐丝结"H"形白色茧化蛹，越冬茧大多分布在叶正面、树皮缝等处。

【防治措施】

（1）在越冬蛹羽化前或在杨苗出土后扫除落叶，集中烧毁；或集中在坑内沤肥。在大树干基部涂白以杀死树皮下的越冬蛹。

（2）灯光诱杀。苗圃、片林、防护林可用黑光灯诱杀成虫。

（3）应用40%乐果乳油、50%马拉硫磷乳油1 000 ~ 1 500倍液，或50%杀螟松乳油、50%对硫磷乳油、80%敌敌畏乳油1 500 ~ 2 000倍液喷杀幼虫及成虫。

马尾松毛虫

【中文学名】　马尾松毛虫。

【拉丁学名】　*Dendrolimus punctatus* Walker。

【别名】　松虎、毛毛虫。

【分类】　鳞翅目枯叶蛾科。

【寄主】　马尾松、黑松、湿地松、火炬松、油松。

【分布】　驻马店市分布在泌阳县、确山县。国内主要分布于秦岭至淮河以南各省。

【危害】 以幼虫取食松针危害，大发生时成片松林针叶在数日内即可被吃光，远看如同火烧一般。被害松林轻者影响生长，重者造成松树枯死，是我国重要的松树害虫之一。

【识别】

成虫 体色变化较大，有深褐、黄褐、深灰和灰白等颜色。体长 20 ~ 30 mm，头小，下唇须突出，复眼黄绿色，雌蛾触角短栉齿状，雄蛾触角羽毛状，雌蛾展翅 60 ~ 70 mm，雄蛾展翅 49 ~ 53 mm。前翅较宽，外缘呈弧形弓出，翅面有 5 条向外弓起的深棕色横线，中间有 1 个白色圆点，外横线由 8 个小黑点组成。后翅呈三角形，无斑纹，暗褐色。雌蛾体色比雄蛾浅。

马尾松毛虫成虫

卵 近圆形，粉红色，在针叶上呈串状排列。

幼虫 老熟时体长 60 ~ 80 mm，深灰色，头黄褐色，各节背面有橙红色或灰白色的不规则斑纹。背面有暗绿色宽纵带，两侧灰白色有灰白色长毛，第 2、3 节背面簇生蓝黑色刚毛，形成明显的毒毛带，有光泽。腹面淡黄色。

蛹 长 20 ~ 35 mm，暗褐色，节间有黄色绒毛。茧灰白色，后期黄褐色，长椭圆形，有棕色短毒毛。

【生活史】 驻马店市 1 年 2 代，以幼虫在针叶丛、树皮缝隙或地表枯落物层中越冬。翌年 3 月中旬开始出蛰活动，上树取食针叶，4 月下旬危害最凶。老熟幼虫 4 月底 5 月初开始吐丝在叶丛

马尾松毛虫越冬代幼虫（许青云　摄）

中结茧化蛹，5 月中旬羽化成虫。成虫繁殖力强，产卵量大，卵产于针叶上，相连成串，或堆积成块。5 月下旬至 6 月上旬出现第 1 代幼虫，幼虫 6 ~ 7 龄，4 龄后食量剧增，末龄幼虫食量最大。7 月下旬 8 月上旬为蛹和成虫期。同期出现第 2 代卵，8 月上中旬至 11 月上旬为第 2 代幼虫发生期，危害至 11 月中旬越冬。

【习性】 幼虫一般喜食老叶。1 ~ 2 龄幼虫有群集取食和受惊吐丝下垂的习性，3 龄后受惊扰有弹跳现象，落地后迅速爬行。成虫有趋光性，飞翔力强，以 20：00 活

动最盛。成虫、幼虫扩散迁移能力都很强。

【防治措施】

（1）加强营林技术措施。营造针阔混交林，轮流封禁，防止强度修枝，营造有利于天敌生活而不利于松毛虫繁衍的森林环境。

（2）成虫羽化期设置诱虫灯，诱杀成虫。

（3）药剂防治。要狠抓越冬代防治。松毛虫越冬前和越冬后抗药性最差，是一年之中药剂防治最有利的时期。常用药剂有 1.2% 烟碱·苦参碱、10% 阿维·除虫脲、25% 阿维·灭幼脲、25% 甲维·灭幼脲。

栎掌舟蛾

【中文名称】　栎掌舟蛾。

【拉丁学名】　*Phalera assimilis*（Bremer et Grey）。

【分类】　鳞翅目舟蛾科。

【别名】　栎黄掌舟蛾、麻栎毛虫、黄掌舟蛾。

【寄主】　栎、栗、杨、榆等树种，驻马店市主要危害栎类植物。

【分布】　驻马店市分布于驿城区、遂平县、西平县、确山县、泌阳县，国内主要分布于东北三省、陕西、山西、河南、山东、安徽、江苏、浙江、湖北、江西、四川等省。

【危害】　以幼虫啃食植株叶片，常将叶片食尽，甚至把叶片啃食得只留叶柄。

【识别】

成虫　雄蛾翅展 44 ~ 45 mm，雌蛾翅展 48 ~ 60 mm。头顶淡黄色，触角丝状，胸背前半部黄褐色，后半部灰白色，有两条暗红色横线。前翅灰褐色，银白色光泽不显著，前缘顶端各有一略呈肾形的淡黄色大斑，也呈掌形斑，翅外缘呈波浪状，黑色。

卵　乳白色，半球形，排成整齐的单层卵块。

幼虫　体长约 55 mm，头黑色，身体暗红色，老熟时黑色，体被较密的灰白至黄褐色长毛，体上有 8 条橙红色纵线，并且各体节又有一条橙红

栎掌舟蛾幼虫（陈元兵　摄）

色横带，胸足 3 对。

蛹 蛹体粗壮，深褐色，长 24 ～ 29 mm。蛹体末端较钝，有臀棘一对。

【生活史】 在驻马店市 1 年发生 1 代，以蛹在树下 10 cm 左右深的疏松土层中越冬。翌年 5 月下旬至 7 月上旬羽化，6 月上旬至 7 月中旬出现卵，6 月中旬至 8 月下旬幼虫孵化，7 ～ 8 月为幼虫危害盛期，9 月中旬开始入土化蛹，至 9 月底全部下树入土化蛹，在土下 8 cm 左右越冬。栎黄掌舟蛾随每年的气温和湿度的不同危害时间有所变化。

【习性】 幼虫期常聚集植株叶片上啃食叶片，中龄分散啃食叶片且食量较大，危害较大，幼虫期受惊后吐丝下垂。一般在栎类纯林中，以背风向阳和人为活动频繁的地方发生较多。

【防治措施】

（1）喷雾防治。尽量选择高效、低毒、对天敌影响小的生物制剂及仿生制剂。在第 1 代 2 ～ 3 龄期，叶面喷洒 25% 阿维·灭幼脲、25% 甲维盐·灭幼脲 2 000 ～ 3 000 倍液，或 3% 高渗苯氧威 2 000 ～ 3 000 倍液。

（2）放烟防治。对于林分郁闭度大的片林，采用烟雾机防治，药物可采用柴油和高渗苯氧威（5 ～ 8）：1 进行混合或敌马烟剂原药。

栓皮栎尺蛾

【中文学名】 栓皮栎尺蛾。

【拉丁学名】 *Erannis dira* Butler。

【别名】 栓皮栎尺蠖。

【分类】 鳞翅目尺蛾科。

【寄主】 栗、栓皮栎等。

【分布】 驻马店市分布于泌阳、确山、驿城区。国内分布于河南、陕西等地。

【危害】 以幼虫取食叶片，大发生时常在早春树叶刚萌发不久即被蚕食一空，严重影响森林景观和林木生长。

【识别】

成虫 雄蛾体黄黑色，长 7.5 ～ 10 mm，翅展 24 ～ 32 mm。触角双栉齿状。复眼大，黑色，圆形。前翅有黑色波状纹 2 条，近中室处有 1 个明显棕黑色斑点。外缘线端有 1 列三角形斑点，内缘、外缘有缘毛，后翅灰白色，间有黑色鳞片。雌成虫体长 6.3 ～ 7.2 mm，黑色。腹末渐尖。触角丝状，复眼黑色，有灰黑色龟纹，翅极小，前翅较后翅稍长，具不整齐长缘毛。

卵 圆柱形，两端略圆，具光泽，表面有整齐刻纹，初产时为绿色，渐变为褐色，孵化前为黑紫色。

幼虫 老熟幼虫体长 23 mm，头壳黑棕色，上具棕黄色龟纹。体黄褐色，第 5、6 节两侧具褐色突起。

蛹 棕色，有光泽，腹末较细，长 6 ~ 10 mm、宽 3.4 mm，触角隆起，第 6 节气孔上有 1 个棱形凹陷。

【生活史】 在驻马店市 1 年发生 1 代，以蛹在树下表土层中越夏、越冬。每年 1 月下旬成虫羽化，2 月中旬为羽化盛期，3 月下旬 4 月上旬幼虫孵化，5 月上中旬幼虫老熟，落地入土化蛹。

栓皮栎尺蛾幼虫

【习性】 初龄幼虫有吐丝习性，可借风转移危害，幼虫多在夜间取食，白天静伏于枝条及叶柄上，幼虫有假死性。雄蛾可飞行，雌蛾不能飞行，但爬行迅速。成虫多在傍晚活动，白天隐伏于草丛及树皮下。卵多散产于树干粗皮缝内，少数产于树冠枝条上。

【防治措施】

（1）叶面喷药。幼虫期采用叶面喷洒 25% 甲维·灭幼脲 2 500 倍液、25% 阿维·灭幼脲 2 000 倍液、3% 苯氧威 2 000 倍液防治，防治效果可达 90% 以上。

（2）施放烟剂。对郁闭度 0.6 以上的林分，采用林丹烟剂（或敌马烟剂）防治，于无风的早晨或傍晚放烟，施烟时注意预防火灾发生。

（3）灯光诱杀。于成虫发生期，用 400 W 黑光灯或 200 W 水银灯诱杀成虫。

黄二星舟蛾

【中文学名】 黄二星舟蛾。

【拉丁学名】 *Lampronadata cristata* Butler。

【分类】 鳞翅目舟蛾科。

【寄主】 栎类植物。

【别名】 槲天社蛾。

【分布】 驻马店市分布于驿城区、确山、泌阳。国内分布于北京、河北、河南、内蒙古、东北三省、浙江、江苏、安徽、江西、山东、湖北等地。

【危害】 在幼虫期以啃食栎类叶片为主，能把整株、整片叶片啃食光。

【识别】

成虫 黄褐色，胸部背面有冠形毛簇。雄成虫触角线状，雌成虫触角栉状，前翅有 2 条深褐色横纹，前翅中有 2 个大小相同的黄圆圈。腹部末节有黄、红两色条纹，熟幼虫体长 60 ~ 70 mm。头部较大。背部有一条纵贯全身的黄色或褐色纵带。

卵 半球形。初产时淡黄色，后变为黄褐色至灰褐色。

黄二星舟蛾成虫（崔晓琦 摄）

幼虫 老熟幼虫体长 60 ~ 70 mm。头较大，褐色，头顶突起。体肥大，绿色，表面光滑。背线淡绿色，两侧灰褐色。气门筛褐绿色。胸足黄绿色，腹足与体色相同。

蛹 体长 30 ~ 40 mm，黑褐色。

黄二星舟蛾幼虫（崔晓琦 摄）

黄二星舟蛾蛹（崔晓琦 摄）

【生活史】 在驻马店市 1 年发生 2 代，以蛹在土中越冬。翌年 6 月上旬羽化成虫，6 月中旬开始孵化，6 ~ 7 月左右是幼虫的活跃期，7 月中旬开始化蛹。部分蛹于 8 月上旬再行羽化，交配、产卵，出现第 2 代幼虫，老熟幼虫于 9 月下旬陆续化蛹越冬。个别年份 7 月、8 月第 1 代和第 2 代幼虫均出现暴发成灾。

【习性】 成虫飞翔力强，产卵于叶背面，幼虫孵化后常吐丝下垂，分散取食，低龄幼虫啃食叶肉，被害叶呈筛网状。大幼虫食叶片仅留叶脉，近熟时食量大增，可在短期内把叶片吃光。幼虫具有暴食性，呈周期性暴发成灾，造成大面积叶片吃光。

【防治措施】 防治措施同栎掌舟蛾。

黄刺蛾

【中文学名】 黄刺蛾。

【拉丁学名】 *Cnidocampa flavescens*（Walker）。

【别名】 八角罐、痒辣子、刺毛虫等。

【分类】 鳞翅目刺蛾科。

【寄主】 梨、桃、杏、柿、樱桃、枣、山楂及核桃等经济林，以及杨、柳、枫杨、油桐、乌桕、栎类、刺槐等用材林和紫荆、紫薇、栾树等园林树种。

【分布】 驻马店全市均有分布。国内除甘肃、宁夏、西藏、青海及新疆等地外，其他省均有分布。

【危害】 幼虫将叶片吃光仅留叶脉和叶柄，严重时只留叶柄，严重影响树木进行光合作用，树体营养物质积累减少，造成树势衰弱，甚至死亡，经济林产量骤减。

【识别】

成虫 体长 13.0 ~ 17.0 mm，翅展 30.0 ~ 39.0 mm，呈橙黄色。虫体肥胖、短粗，鳞片较厚，头部较小，头部和胸部呈黄色，腹背呈黄褐色。前翅内半部呈黄色，外半部呈褐色，有 2 条暗褐色斜线在翅尖处会合，呈倒 "V" 形，前面斜线的内侧呈黄色，外侧呈褐色，并具有两个褐色斑点。后翅呈灰黄色。

幼虫 老熟幼虫体长 19.0 ~ 25.0 mm，头较小，胸腹部肥大，虫体呈黄绿色。虫体的背面有一条似哑铃形状的紫褐色大斑，边缘常呈蓝色。虫体各体节具有 4 个肉质枝刺，布有刺毛和毒毛。臀板上有 2 个黑点，胸足极小，腹足退化。第 1 ~ 7 腹节腹面中间各具有一个扁圆形 "吸盘"。

卵 卵长约 1.5 mm，扁平状，呈椭圆形，表面具有线纹，初产时呈黄白色，后变

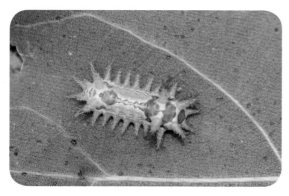

黄刺蛾幼虫（崔晓琦 摄）

黄刺蛾茧

为黄绿色。

蛹　体长 13.0 ～ 15.0 mm，呈椭圆形，黄褐色，头、胸部背面呈黄色，腹部各节背面具有褐色背板。茧椭圆形，质坚硬，黑褐色，有灰白色不规则纵条纹，极似雀卵。

【生活史】　在驻马店市 1 年发生 2 代，以老熟幼虫在小枝桠处、主侧枝以及树干的粗皮上结茧越冬。翌年 5 月下旬至 6 月上旬开始羽化，第 1 代幼虫始见于 6 月中旬，7 月中下旬羽化第 1 代成虫。第 2 代幼虫在 8 月上旬发生，9 月上中旬开始结茧越冬。

【习性】　1、2 龄幼虫常群集于叶的背面取食下表皮和叶肉，留下上表皮，形成网状透明斑块残留叶脉，幼虫长大后食量增加便分散开蚕食叶片，造成叶片缺刻或孔洞，叶片残缺，严重时能将叶片吃光，仅留中柄和主脉，严重影响树木进行光合作用，树体营养物质积累减少，造成树势衰弱，甚至死亡，经济林产量骤减。成虫具有趋光性，较弱，白天静伏于叶背，常在夜间活动，进行交配、产卵。

【防治措施】

（1）结合冬季修剪，在林木、果树枝干枝杈上发现越冬虫茧，同时要做好树木管理，进行翻耕、整枝等措施。

（2）5 ～ 9 月利用成虫具有一定的趋光性，在其羽化盛期悬挂黑光灯或频振式杀虫灯，诱杀成虫。

（3）幼虫危害期喷洒 2.5% 氯氰菊酯乳油 2 000 ～ 3 000 倍液，或 50% 杀螟松、20% 灭扫利 1 000 倍液，或 1.8% 阿维菌素 2 000 倍液，7 ～ 10 天后再喷药 1 次，喷 3 次效果较好。

褐边绿刺蛾

【中文学名】　褐边绿刺蛾。

【拉丁学名】　*Latoia consocia* Walker。

【别名】　青刺蛾、褐缘绿刺蛾、四点刺蛾、曲纹绿刺蛾、洋辣子。

【分类】　鳞翅目刺蛾科。

【寄主】　大叶黄杨、月季、海棠、桂花、牡丹、芍药、苹果、梨、桃、李、杏、梅、樱桃、枣、柿、核桃、珊瑚、板栗、山楂、杨、柳、悬铃木、榆等林木。

【分布】　驻马店市均有分布，国内均有分布。

【危害】　幼虫取食叶片，低龄幼虫取食叶肉，仅留表皮，老龄时将叶片吃成孔洞或缺刻，有时仅留叶柄，严重影响树势。

【识别】

成虫　体长 15 ～ 16 mm，翅展约 36 mm。触角棕色，雄蛾栉齿状，雌蛾丝状。头和胸部绿色，复眼黑色。胸部中央有1条暗褐色背线。前翅大部分绿色，基部暗褐色，外缘部灰黄色，其上散布暗紫色鳞片，内缘线和翅脉暗紫色，外缘线暗褐色。腹部和后翅灰黄色。

褐边绿刺蛾幼虫（赵威　摄）

幼虫　末龄体长约 25 mm，略呈长方形，圆柱状。初孵化时黄色，长大后变为绿色。头红褐色，前胸盾上有 2 个横列黑斑，腹部背线蓝色。腹部第 2 节至末节每节有 4 个毛瘤，其上生一丛刚毛，第 4 节背面的 1 对毛瘤上各有 3 ~ 6 根红色刺毛，腹部末端的 4 个毛瘤上生蓝黑色刚毛丛，呈球状；背线绿色，两侧有深蓝色点。腹面浅绿色。胸足小，无腹足，第 1 节至第 7 节腹面中部各有 1 个扁圆形吸盘。

卵　扁椭圆形，长 1.2 ~ 1.3 mm，浅黄绿色。

蛹　长约 15 mm，椭圆形，棕褐色，包被在椭圆形棕色或暗褐色长约 16 mm、似羊粪状的茧内。

【生活史】　在驻马店市发生 2 代，越冬幼虫于 4 月下旬至 5 月上中旬化蛹，成虫发生期在 5 月下旬至 6 月上中旬，第 1 代幼虫发生期在 6 月末至 7 月，成虫发生期在 8 月中下旬。第 2 代幼虫发生期在 8 月下旬至 10 月中旬，10 月上旬幼虫陆续老熟，在枝干上或树干基部周围的土中结茧越冬。

【习性】　成虫夜间活动，有趋光性；白天隐伏在枝叶间、草丛中或其他荫蔽物下。幼虫孵化后，低龄期有群集性，并只咬食叶肉，残留膜状的表皮；大龄幼虫逐渐分散为害，从叶片边缘咬食成缺刻甚至吃光全叶；老熟幼虫迁移到树干基部、树枝分杈处和地面的杂草间或土缝中做茧化蛹。

【防治措施】　幼虫发生期及时喷洒 10% 阿维·除虫脲、25% 甲维盐·灭幼脲 2 000 ~ 3 000 倍液，或 3% 高渗苯氧威 2 000 ~ 3 000 倍液。

丽绿刺蛾

【中文学名】　丽绿刺蛾。

【拉丁学名】　*Parasa lepida*（Cramer）。

【别名】　绿刺蛾。

【分类】　鳞翅目刺蛾科。

【寄主】　茶、梨、柿、枣、桑、油桐、苹果、芒果、核桃、咖啡、刺槐等。

【分布】　驻马店市均有分布。国内北起黑龙江，南至台湾、海南及广东、广西、云南，东起国境线，西至陕西、甘肃、四川均有分布。

【危害】　幼虫食害叶片，低龄幼虫取食表皮或叶肉，致叶片呈半透明枯黄色斑块。大龄幼虫食叶呈较平直缺刻，严重的把叶片吃至只剩叶脉，甚至叶脉全无。

【识别】

成虫　体长 10 ~ 17 mm，翅展 29 ~ 40 mm，头顶、胸背绿色。胸背中央具 1 条褐色纵纹向后延伸至腹背，腹部背面黄褐色。雌蛾触角基部丝状，雄蛾双栉齿状。雌、雄蛾触角上部均为短单相齿状，前翅绿色，肩角处有 1 块深褐色尖刀形基斑，外缘具深棕色宽带；后翅浅黄色，外缘带褐色。前足基部生一绿色圆斑。

幼虫　末龄幼虫体长 25 mm，粉绿色。身被刚毛，空心，与毒腺相通，内含毒液。背面稍白，背中央具紫色或暗绿色带 3 条，亚背区、亚侧区上各具一列带短刺的瘤，前面和后面的瘤红色。

丽绿刺蛾幼虫

丽绿刺蛾成虫（姜其军　摄）

卵　扁平光滑，椭圆形，浅黄绿色。

蛹　椭圆形。茧棕色，较扁平，椭圆或纺锤形。

【生活史】　在驻马店市 1 年发生 2 代，以老熟幼虫在枝干上结茧越冬。翌年 5 月上旬化蛹，5 月中旬至 6 月上旬成虫羽化并产卵。第 1 代幼虫为害期为 6 月中旬至 7 月下旬，第 2 代为 8 月中旬至 9 月下旬。

【习性】　成虫有趋光性，雌蛾喜欢晚上把卵产在叶背上，十多粒或数十粒排列成鱼鳞状卵块，上覆一层浅黄色胶状物。每雌产卵期 2 ~ 3 天，产卵量 100 ~ 200 粒。低龄幼虫群集性强，3 ~ 4 龄开始分散，共 8 ~ 9 龄。老熟幼虫在茶树中下部枝干上结茧化蛹。

【防治措施】　防治措施同褐边绿刺蛾。

扁刺蛾

【中文学名】 扁刺蛾。

【拉丁学名】 *Thosea sinensis*。

【别名】 洋黑点刺蛾、辣子。

【分类】 鳞翅目刺蛾科。

【寄主】 枣、苹果、梨、桃、梧桐、枫杨、白杨、泡桐、柿子等多种果树和林木。

【分布】 驻马店市均有分布。国内分布于全国各地。

【危害】 以幼虫蚕食植株叶片，低龄啃食叶肉，稍大食成缺刻和孔洞，严重时食成光杆，致树势衰弱。

【识别】

成虫 雌蛾体长 13 ~ 18 mm，翅展 28 ~ 35 mm。体暗灰褐色，腹面及足的颜色更深。前翅灰褐色、稍带紫色，中室的前方有一明显的暗褐色斜纹，自前缘近顶角处向后缘斜伸。雄蛾中室上角有一黑点（雌蛾不明显）。后翅暗灰褐色。

卵 扁平光滑，椭圆形，长 1.1 mm，初为淡黄绿色，孵化前呈灰褐色。

幼虫 老熟幼虫体长 21 ~ 26 mm、宽 16 mm，体扁、椭圆形，背部稍隆起，形似龟背。全体绿色或黄绿色，背线白色。体两侧各有 10 个瘤状突起，其上生有刺毛，每一体节的背面有 2 小丛刺毛，第 4 节背面两侧各有 1 个红点。

蛹 长 10 ~ 15 mm，前端肥钝，后端略尖削，近似椭圆形。初为乳白色，近羽化时变为黄褐色。

茧 长 12 ~ 16 mm，椭圆形，暗褐色，形似鸟蛋。

扁刺蛾幼虫（崔晓琦 摄）

【生活史】 驻马店市 1 年发生 2 代，少数 3 代。均以老熟幼虫在树下土层内结茧以蛹越冬。4 月中旬开始化蛹，5 月中旬至 6 月上旬羽化。第 1 代幼虫发生期为 5 月下旬至 7 月中旬，第 2 代幼虫发生期为 7 月下旬至 9 月中旬，以末代老熟幼虫入土结茧越冬。

【防治措施】

（1）结合冬耕施肥，将根际落叶及表土埋入施肥沟底，或结合培土防冻，在根际

30 cm 内培土 6 ~ 9 cm，并稍予压实，以扤杀越冬虫茧。

（2）在幼虫 2 ~ 3 龄阶段叶面喷洒 10% 阿维·除虫脲、25% 甲维盐·灭幼脲 2 000 ~ 3 000 倍液，或 3% 高渗苯氧威 2 000 ~ 3 000 倍液。

樗蚕

【中文学名】 樗蚕。

【拉丁学名】 *Philosamia cynthia* Walker et Felder。

【别名】 臭椿蚕、小乌桕蚕、小桕天蚕蛾、桕蚕蛾。

【分类】 鳞翅目大蚕蛾科。

【寄主】 臭椿、乌桕、香樟、冬青、梧桐、泡桐、梨、核桃、石榴、槐、柳等。

【分布】 驻马店市均有分布。国内分布在辽宁、北京、河北、山东、安徽、江苏、上海、浙江、江西、福建、台湾、广东、海南、广西、湖南、湖北、贵州、四川、云南等地。

【危害】 幼虫蚕食叶片，严重时吃光。

【识别】

成虫 雌蛾体长 25 ~ 30 mm，雄蛾体长 25 ~ 30 mm，翅展 115 ~ 125 mm。体青褐色，翅黄褐色。前后翅中央各有一个较大的新月形斑，外侧具一条纵贯全翅的宽带，宽带中间粉红色、外侧白色、内侧深褐色、基角褐色，其边缘有一条白色曲纹。前翅顶角圆而突出，粉紫色，具有黑色圆斑，前胸后缘、腹部背面、侧线及末端都为白色。

卵 灰白色或淡黄白色，有少数暗斑点，扁椭圆形，长约 1.5 mm。

幼虫 老熟幼虫体长 55 ~ 75 mm。头部黄色，体黄绿色。虫体被有白粉，各体节有 6 个对称的刺状突起，突起间有黑褐色斑点。

蛹 为棕褐色，长 26 ~ 30 mm、宽 14 mm。呈椭圆形，体上多横皱纹。

茧 呈灰白色，橄榄形，长约 50 mm，上端开口，茧柄长 40 ~ 130 mm，茧半边常被叶片包围。

樗蚕幼虫（陈元兵 摄）

【生活史】 在驻马店市 1 年发生 2 代，以蛹越冬。翌年 5 月成虫羽化，产卵于叶背面，成块。幼虫孵化后，群集取食，老熟幼虫吐丝在树皮上结茧化蛹。

樗蚕茧（姜其军　摄）

樗蚕成虫

【习性】　以蛹藏于厚茧中越冬。成虫有趋光性，并有远距离飞行能力。成虫寿命 5 ~ 10 天。卵产在叶背和叶面上，聚集成堆或成块状，每头雌虫产卵 300 粒左右，卵历期 10 ~ 15 天。初孵幼虫有群集习性，3 ~ 4 龄后逐渐分散为害。在枝叶上由下而上，昼夜取食，并可迁移。幼虫蜕皮后常将所蜕之皮食尽或仅留少许，幼虫老熟后即在树上缀叶结茧，树上无叶时，则下树在地被物上结褐色粗茧化蛹。

【防治措施】

（1）冬夏季节，结合修剪清园或采收种子，人工采茧处理。

（2）灯光诱杀。成虫有趋光性，掌握好各代成虫的羽化期，适时用黑光灯进行诱杀，可收到良好的治虫效果。

（3）药剂防治。喷洒 25% 甲维·灭幼脲 1 500 ~ 3 000 倍液，或 10% 阿维·虫脲悬浮剂每亩 30 ~ 50 g 喷雾。

（4）生物防治。幼虫期天敌有绒茧蜂、樗蚕黑点瘤姬蜂、稻苞虫黑瘤姬蜂。对这些天敌应很好地加以保护和利用。

蓝目天蛾

【中文学名】　蓝目天蛾。

【拉丁学名】　*Smerinthus planusplanus* Walker。

【别名】　柳天蛾、蓝目灰天蛾。

【分类】　鳞翅目天蛾科。

【寄主】　杨、柳、梅花、桃、樱花等。

【分布】　驻马店市均有分布。国内分布于黑龙江、吉林、辽宁、内蒙古、河北、河南、山东、江苏、上海、浙江、安徽、江西、陕西、宁夏、甘肃等地。

【危害】 初龄幼虫咀食叶片成缺刻、孔洞，5龄幼虫将叶片吃光，仅剩枝干。

【识别】

成虫 体长32～36 mm，翅展85～92 mm，触角淡黄色，体翅灰褐色或黄色，复眼大，暗绿色。腹背面有深褐色大斑。前翅顶角及臀角至中央有三角形浓淡相间暗色云状，外缘翅脉间内陷呈浅锯齿形，缘毛极短。后翅淡灰褐色，中央紫红色有深蓝色的大圆斑，上方为粉红色，周围呈黑色圈。

卵 椭圆形，长1.8 mm，初产鲜绿色，有光泽，后变为黄绿色。

幼虫 体长50～80 mm，黄绿色有黄白色颗粒，这些颗粒在胸部各节形成纵线，在腹部各节形成斜线，最后1条直达尾角，尾角斜向后方。气门筛淡黄色，围气门片黑色，前方常有紫色斑1块。

蓝目天蛾幼虫（陈元兵 摄）

蛹 初化蛹为暗红色，后变为黑褐色。

【生活史】 在驻马店市1年发生2代，以蛹在土壤中越冬。第1代5月上旬至6月上旬羽化，交尾产卵，第1代幼虫6月发生，第2代幼虫8月发生，9月老熟幼虫入土化蛹越冬。

【习性】 初孵幼虫先吃去大半卵壳，后爬至较嫩叶片，将叶吃成缺刻、孔洞，5龄后食量大而危害重，将叶吃尽，仅留光枝。老熟幼虫化蛹前2～3天，背呈暗红色，即从树上往下爬，钻入根际土壤中做蛹室后蜕皮化蛹越冬。成虫有明显的趋光性，夜出活动，交配、产卵，卵产叶背或枝干上。

【防治措施】

（1）灯光诱杀。成虫发生期利用黑光灯诱杀。

（2）药物防治。幼虫3龄以前采用25%灭幼脲或25%阿维·灭幼脲悬浮剂喷雾防治。

茶斑蛾

【中文学名】 茶斑蛾。

【拉丁学名】 *Eterusia aedea* Linnaeus。

【别名】 茶柄脉锦斑蛾。

【分类】 鳞翅目斑蛾科。

【寄主】 木瓜、栎属、茶树、油茶等。

【分布】　驻马店市均有分布。国内广泛分布于河南、浙江、江苏、安徽、江西、福建、台湾、广州、贵州、四川、云南等地，南方省份偏多。

【识别】

成虫　成虫体长 17 ~ 20 mm，翅展 56 ~ 66 mm。雄蛾触角双栉齿状，雌蛾触角丝状，上部栉齿状，端部膨大，粗似棒状。全身黑色，略带蓝色，具明亮光泽。成虫具有异臭味，受惊后口吐泡沫，摆动触角，前翅基部具有数枚白色斑块，中翅白斑横向连成一个不规则白带，后翅也横向形成两条不规则块状白带。

幼虫　体黄色或深黄棕色，肥厚，纵列 6 排瘤状突起，并且突起上有细短毛，体形似圆形菠萝状。

卵　椭圆形，鲜黄色，近孵化时变灰褐色。

蛹　呈长椭圆形，黄褐色或茶斑色，长 20 mm 左右。

【生活史】　在驻马店市 1 年发生 2 代，以老熟幼虫在树丛基部或枯叶下土缝内越冬。木瓜树上发生的较多，第 1 代幼虫 4 月底开始危害，第 2 代幼虫 9 月危害。

茶斑蛾幼虫（陈元兵　摄）

【习性】　成虫善飞，有趋光性。成虫产卵于枝干上，以接近基部的老叶上较多，卵成堆状，每堆 10 ~ 100 余粒。成虫具异臭味，受惊后，触角摆动，口吐泡沫。幼虫行动迟缓，受惊后体背瘤状突起处能分泌出透明黏液，但无毒。

【防治措施】

（1）人工捕捉幼虫或灯光诱杀成虫。

（2）药物防治。在幼虫期喷洒 25% 阿维·灭幼脲 2 000 倍液或 25% 灭幼脲 1 500 倍液喷杀。

茶蓑蛾

【中文学名】　茶蓑蛾。

【拉丁学名】　*Clania minuscula* Butler。

【别名】　负囊虫、布袋虫。

【分类】　鳞翅目袋蛾科。

【寄主】　悬铃木、杨、柳、女贞、榆、构橘、紫荆等多种植物。

【分布】 驻马店市均有分布。国内广泛分布于广西、广东、福建、台湾、浙江、江苏、安徽、河南、江西、湖北、湖南、贵州、四川等地。

【识别】

成虫 雌雄异型，雌成虫无翅，体长 12 ～ 16 mm，蛆形，肥胖，头小，生 1 对刺突。雄虫体长 11 ～ 15 mm，翅展 22 ～ 30 mm。体和翅均深褐色，触角羽状，前翅近翅尖处和外缘近中央处各有一透明长方形斑。

卵 椭圆形，乳黄白色，长约 0.8 mm。

幼虫 老熟幼虫体长 10 ～ 26 mm。各胸节亚背线及中后胸气门上线有褐色纵带，带间玉白色。

蛹 雌的锤形，深褐色，头小，胸部弯曲，体长 14 ～ 18 mm。雄的褐色，体长 11 ～ 13 mm，腹部弯曲呈钩状，臀棘各 1 对，短而弯曲。

护囊 橄榄形，黑褐色丝质，成长幼虫护囊长 25 ～ 30 mm，囊外贴以枝皮碎片和断截的小枝梗，平行纵列整齐。

茶蓑蛾蛹和护囊（崔晓琦 摄）

【生活史】 在驻马店市 1 年发生 2 代，幼虫危害期为 6 月上旬至 7 月上旬，危害严重时期在 9 月中下旬。

【习性】 以老熟幼虫越冬，成虫羽化常在下午，次晚交配。雌虫羽化后仍停留在囊内，雄虫羽化后交尾时雄蛾飞到雌虫囊袋进行。卵产于囊内。幼虫孵化后，从护囊排泄孔爬行取食时，头、胸露于囊外，护囊挂在腹部。取食时间多在清晨、傍晚和阴天，晴天中午很少取食。

【防治措施】

（1）人工摘除护囊，消灭幼虫。

（2）诱杀成虫，利用成虫趋光性悬挂黑光灯诱杀。

（3）药剂防治，喷洒 25% 阿维·灭幼脲 2 000 倍液或 25% 灭幼脲 1 500 倍液喷杀。

柳紫闪蛱蝶

【中文学名】 柳紫闪蛱蝶。

【拉丁学名】 *Apatura ilia*（Denis et Schiffermüller）。

【别名】 柳闪蛱蝶、淡紫蛱蝶、紫蛱蝶。

【分类】　鳞翅目蛱蝶科。

【寄主】　杨树、柳树。

【分布】　驻马店市均有分布。国内分布于陕西、河北、河南、山西、山东、江苏、浙江等地。

【危害】　刚孵化的幼虫啃食自己的卵壳，以高龄幼虫最为危害，严重时将叶片吃光，仅残留叶柄。

【识别】

成虫　中型，翅展 59 ~ 64 mm，色彩鲜艳，花纹相当复杂，前翅三角形，侧缘向内弧形弯曲，后翅白色横带无，全翅深棕色，各径脉间中部有相连的无色方斑呈一横条，下方有一圆形黑斑; 前足退化，短小无爪。

卵　呈半圆球形，直径 1.16 ~ 1.18 mm，高 0.94 ~ 1.04 mm，初为淡绿色，后为褐色，有明显的纵脊 13 条。

柳紫闪蛱蝶成虫

幼虫　老熟幼虫体长 30 ~ 35 mm、宽 4.5 ~ 8.0 mm，纺锤形，绿色。头小，草绿色，单眼紫黑色，口器浅褐色。头上有突起 1 对，体上有小颗粒。胸部至腹部第 1 节亚背线黄色; 前胸气门肾形，较大，其余气门椭圆形，浅黄色，有褐色细边。腹部末端尖削，胸部气门上线白色，腹部气门线以下有白色毛。

蛹　长 25 ~ 27 mm、宽 9 ~ 12 mm。绿色，为垂蛹，蛹期 9 ~ 12 天，幼虫期较长。蛹长约 30 mm，腹背棱线突出。

【生活史】　在驻马店市一般 1 年发生 1 ~ 2 代，个别年份发生 3 代，以 3 龄幼虫吐丝潜伏越冬。发生 1 代者 7 ~ 8 月出现成虫，8 月中旬产卵，卵约经 5 天孵化，1

柳紫闪蛱蝶 5 龄幼虫

柳紫闪蛱蝶卵

龄幼虫龄期约4天，2龄幼虫龄期约6天，3龄幼虫龄期约200天，4龄幼虫龄期约15天。6月下旬化蛹，7月上旬成虫羽化。发生2代者各代成虫期分别为5～6月和7～8月。

【习性】　出卵的幼虫，食物不充足时会吃掉除底座外的卵壳部分，喜爬向有水源的地方，行动不活跃，取食量小，成虫常聚集在湿地或流汁处，喜访花，吸食花蜜。通常产卵于寄主植物叶片的正面靠主叶脉处。

【防治措施】　尽量选择在低龄幼虫期防治，此时虫口密度小，危害小，且虫的抗药性相对较弱。防治时用25%甲维·灭幼脲1 500～2 000倍液喷杀幼虫，可连用1～2次，间隔7～10天。可轮换用药，以延缓抗性的产生。

黄连木尺蛾

【中文学名】　黄连木尺蛾。

【拉丁学名】　*Culcula panterinaria*（Bremer et Grey）。

【别名】　木尺蠖、山虫，俗称吊死鬼。

【分类】　鳞翅目尺蛾科。

【寄主】　寄主达30余科170多种植物，最适宜寄主为黄连木、核桃、栎属、紫穗槐、刺槐和大豆等。

【分布】　驻马店全市均有分布。国内主要分布于华北、西北、西南、华中及台湾等地，国外分布于日本、朝鲜。

【危害】　为暴食性害虫，一旦发生，来势凶猛，难以防治。

【识别】

成虫　体长17～24 mm，翅展约67 mm，头、胸黄白色，翅底白色，散布大小不规则的灰色和黄色斑点，在前、后翅近外缘处有1串由灰黄色、黄褐色圆斑组成的波状纹，翅面中部有1个较大的浅灰绿色斑点。

幼虫　末龄体长65～75 mm，体色变化较大，常与寄主植物的颜色相近，多为黄褐色或黄绿色，散生灰白色斑点；头顶左右呈角状突起，中央凹陷呈山峰状，前胸背板有1对角状突起。

卵　扁圆形，绿色，卵块上覆有一层黄棕色绒毛。

黄连木尺蛾成虫

蛹 长约 30 mm，赤褐色，头顶两侧各有 1 个耳状突起。

【生活史】 在驻马店市一般 1 年发生 1 代，以蛹在石缝、树干周围的土壤内越冬。翌年 5 月上旬开始羽化，7 月中下旬为盛期，8 月底为末期。成虫不活泼，卵成块状，卵期 9 ~ 10 天。幼虫发生于 7 月上旬至 9 月上旬，幼虫期在 40 天左右。至 8 月中旬开始下树化蛹，末期在 10 月下旬。

黄连木尺蛾幼虫（姜其军　摄）

【习性】 初孵幼虫爬行很快，并能借吐丝转移危害，2 龄以后，行动迟缓，尾足的攀缘能力很强，在静止时直立于小枝上，形似核桃树的小枝。老熟幼虫落地时多为坠下，少数的沿树干爬行，或吐丝下垂，找土壤松软的地方化蛹。有时几个、几十个蛹聚在一起，称为"蛹巢"。

【防治措施】

（1）加强虫情观测，特别注意虫源发生基地，避免害虫的大发生。

（2）在害虫暴食期到来之前采用化学防治，如 25% 阿维·灭幼脲 2 000 倍液或 25% 灭幼脲 1 500 倍液喷杀。

柳蓝叶甲

【中文学名】 柳蓝叶甲。

【拉丁学名】 *plagiodera versicolora*（Laicharting）。

【别名】 柳圆叶甲、橙胸斜缘叶甲。

【分类】 鞘翅目叶甲科。

【寄主】 寄主有柳属、杨属植物。

【分布】 驻马店全市均有分布。国内分布于东北、甘肃、内蒙古、河北、河南、山东、浙江、台湾、江西、安徽、湖北、四川、云南等地。

【危害】 成虫、幼虫取食叶片成缺刻或孔洞。

【识别】

成虫 体长 3 ~ 5 mm，近圆形，深蓝色，具金属光泽，头部横阔，触角 6 节，基部细小，余各节粗大，褐色至深褐色，上生细毛；前胸背板横阔光滑。鞘翅上密生略成行列的细点刻，体腹面、足色较深，具光泽。

幼虫 老熟幼虫体长约 6 mm，体略扁，灰褐色，全身有黑褐色突起状物，胸部宽，体背每节具 4 个黑斑，两侧具乳突。

卵 橙黄色，椭圆形，成堆直立在叶面上。

蛹 长 4 mm，椭圆形，黄褐色，腹部背面有 4 列黑斑。

柳蓝叶甲成虫（姜其军 摄）

【生活史】 在驻马店市 1 年发生 4 ～ 5 代，以成虫在土壤中、落叶和杂草丛中越冬。翌年 4 月柳树发芽时出来活动，每雌产卵千余粒，卵期 6 ～ 7 天，初孵幼虫群集为害，啃食叶肉，幼虫期约 10 天，9 月中旬可同时见到成虫和幼虫。

【防治措施】 危害严重的可喷洒 20% 菊杀乳油 2 000 倍液、50% 辛硫磷乳油 1 000 倍液、50% 马拉硫磷乳油 1 000 ～ 1 500 倍液、20% 虫死净可湿性粉剂 2 000 倍液。

臭椿皮蛾

【中文学名】 臭椿皮蛾。

【拉丁学名】 *Eligma narcissus*（Cramer）。

【别名】 旋皮夜蛾、椿皮灯蛾。

【分类】 鳞翅目夜蛾科。

【寄主】 臭椿、香椿、红椿、桃和李等园林观赏树木。

【分布】 驻马店市均有分布。国内分布于浙江、江苏、上海、河北、云南、山东、河南、四川、福建、湖北、湖南、陕西、贵州、甘肃等地。

【危害】 以幼虫危害臭椿以及臭椿的变种红叶椿、千头椿等植物的叶片，造成缺刻、孔洞或将叶片吃光。

【识别】

成虫 体长 22 ～ 23 mm，翅展 69 ～ 71 mm，头部和胸部灰褐色，腹部橘黄色，各节背部中央有块黑斑。前翅狭长，前缘区黑色，其后缘呈弧形，并附以白色，翅其余部分为赭灰色，翅面上有黑点。后翅大部分为橘黄色，外缘有条蓝黑色宽带。足黄色。

幼虫 老熟时体长约 45 mm，头深褐色至黑色，前胸背板与臀板褐色，体橙黄色，体背各节有个褐色大斑，各毛瘤上长有白色长毛。

蛹 长 26 mm 左右、宽 8 mm 左右，扁平，椭圆形，红褐色。

臭椿皮蛾幼虫（杨明丽 摄）

臭椿皮蛾成虫

茧 长扁圆形，土黄色，似树皮，质地薄。

【生活史】 在驻马店市1年发生2代，以包在薄茧中的蛹在树枝、树干上越冬。翌年4月中下旬（臭椿树展叶时）成虫羽化，有趋光性，交尾后将卵分散产在叶片背面，卵期4～5天。5～6月幼虫孵化危害，蛹期15天左右。7月第1代成虫出现，8月上旬第2代幼虫孵化危害，严重时将叶吃光。9月中下旬幼虫在枝干上化蛹做茧越冬。

【习性】 以在枝干上、皮缝、伤疤等处结茧代蛹越冬。以第1代幼虫为害严重，幼虫喜食幼芽、嫩叶，受惊后身体扭曲或弹跳蹦起。老熟幼虫爬到树干上咬树皮，用丝相连做薄茧化蛹，茧紧贴于表皮，极似树皮的隆起部分，幼虫在化蛹前在茧内常利用腹节间的齿列摩擦茧壳，发出"嚓嚓"的声音。

【防治措施】 根据其发生规律，抓住第1代和第2代两代幼虫的盛发期进行防治，叶面喷洒10%阿维·除虫脲、25%甲维盐·灭幼脲2 000～3 000倍液，或3%高渗苯氧威2 000～3 000倍液。

黄杨绢野螟

【中文学名】 黄杨绢野螟。

【拉丁学名】 *Diaphania perspectalis*（Walker）。

【分类】 鳞翅目螟蛾科。

【寄主】 瓜子黄杨、雀舌黄杨、大叶黄杨、小叶黄杨、朝鲜黄杨以及冬青、卫矛等植物，在驻马店市主要寄主为黄杨。

【分布】 驻马店全市均有分布。国内分布于青海、甘肃、陕西、河北、山东、江苏、上海、浙江、江西、福建、湖北、湖南、广东、广西、贵州、重庆、四川、西藏、

河南等地。

【危害】 以幼虫食害嫩芽和叶片，常吐丝缀合叶片，于其内取食，受害叶片枯焦，造成黄杨成株枯死，影响市容。

【识别】

成虫 体长 14 ~ 19 mm，翅展 33 ~ 45 mm；头部暗褐色，头顶触角间的鳞毛白色；触角褐色；下唇须第 1 节白色，第 2 节下部白色、上部暗褐色，第 3 节暗褐色；胸、腹部浅褐色，胸部有棕色鳞片，腹部末端深褐色；翅白色、半透明，有紫色闪光，前翅前缘褐色，中室内有 2 个白点，一个细小，另一个弯曲成新月形，外缘与后缘均有一褐色带，后翅外缘边缘黑褐色。

幼虫 老熟时体长 42 ~ 46 mm，头宽 3.7 ~ 4.5 mm；初孵时乳白色，化蛹前头部黑褐色，腹部黄绿色，表面有具光泽的毛瘤及稀疏毛刺，前胸背面具较大黑斑；背线绿色，亚被线及气门上线黑褐色，气门线淡黄绿色，基线及腹线淡青灰色；胸足深黄色，腹足淡黄绿色。

黄杨绢野螟幼虫

黄杨绢野螟成虫

卵 椭圆形，长 0.8 ~ 1.2 mm，初产时白色至乳白色，孵化前为淡褐色。

蛹 纺锤形，棕褐色，长 24 ~ 26 mm、宽 6 ~ 8 mm；腹部尾端有臀刺 6 枚，以丝缀叶成茧，茧长 25 ~ 27 mm。

【生活史】 该虫在驻马店市 1 年发生 3 代，以第 3 代的低龄幼虫在叶苞内做茧越冬，翌年 4 月中旬开始活动危害，然后开始化蛹、羽化，5 月上旬始见成虫。越冬代整齐，以后存在世代重叠现象，10 月以 3 代幼虫开始越冬。幼虫一般 5 ~ 6 龄，越冬代则为 9 ~ 10 龄。

【习性】 幼虫 1、2 龄取食叶肉，3 龄后吐丝做巢，在其中取食。成虫白天隐藏，傍晚活动，飞翔力弱，趋光性不强。

【防治措施】

（1）冬季清除枯枝卷叶，将越冬虫茧集中销毁，可有效减少第 2 年虫源。

（2）利用成虫的趋光性诱杀。

（3）药剂防治。幼虫期喷洒1.2%烟碱·苦参碱、10%阿维·除虫脲、25%阿维·灭幼脲、25%甲维·灭幼脲。

柿星尺蠖

【中文学名】 柿星尺蠖。

【拉丁学名】 *Percnia giraffata*（Guenee）。

【别名】 大斑尺蠖、大头虫。

【分类】 鳞翅目尺蛾科。

【寄主】 除危害柿树外，还对黑枣、苹果、梨、核桃、李、杏、山楂、酸枣、杨、柳、榆、桑、苎麻等多种植物造成危害。

【分布】 驻马店全市均有分布。河北、河南、山西、四川、安徽、台湾等柿树栽培区发生普遍。

【危害】 该虫主要以幼虫危害树木的叶片，初孵幼虫啃食背面叶肉，并不把叶吃透形成孔洞，幼虫长大后分散危害，将叶片吃光，或吃成大缺口。发生较严重时，将整个叶片食光。

【识别】

成虫 体长约25 mm，翅展约75 mm，雄蛾体较小，头部黄色，有4个小黑斑，前、后翅均白色，且密布许多黑褐色斑点，以外缘部分较密。复眼及触角黑褐色。触角丝状，前胸背板黄色，有一近方形黑色斑纹。腹部金黄色，有不规则的黑色横纹；背面有灰褐色斑纹。

卵 椭圆形，初产时翠绿色，孵化前变为黑褐色。

幼虫 初孵幼虫体长约2 mm，褐色，胸部稍膨大，老熟幼虫体长约55 mm，头部

柿星尺蠖成虫

柿星尺蠖幼虫（陈元兵 摄）

黄褐色且较发亮，布有许多白色颗粒状突起；背面暗褐色，两侧有黄色宽带，上有黑色曲线。躯干粗大，上有一对椭圆形的黑色线纹。气门线下有由小黑点构成的纵带。臀板黄色。胸足3对，腹足及臀足各1对。趾钩双序纵带。

蛹 长20～25 mm，褐色，胸背前方两侧各有一耳状突起，其间有一横隆起线与胸背中央纵隆起线相交，构成一明显的十字纹。尾端有一刺状突起，其基部较宽。

【生活史】 该虫在驻马店市1年发生2代，以蛹在土壤中越冬。翌年5月下旬温度、湿度适宜时越冬蛹开始羽化，6月下旬至7月上旬为羽化盛期。6月上旬成虫开始产卵，7月上中旬为产卵盛期，在7月幼虫危害严重。7月下旬第1代成虫开始羽化，8月底结束。第2代幼虫在8月上旬出现，8月中下旬为第2代幼虫发生危害盛期，9月老熟幼虫进入越冬期。

【习性】 该成虫具有趋光性和较弱的趋水性，昼伏夜出，白天静伏于树干、小枝或岩石上，21：00～23：00最活跃，将卵呈块状产于叶片背面，卵块上无覆盖物。幼虫昼夜取食危害，受惊扰后有吐丝下垂现象，老熟幼虫多在树根附近潮湿疏松的土中或石块下化蛹。

【防治措施】

（1）加强管理，合理施肥灌水，增强树势，提高树体抵抗力，结合修剪，减少虫源。晚秋或早春结合翻地挖蛹，消灭土中越冬蛹。

（2）在幼虫发生盛期，猛力摇晃或敲打树干，幼虫受惊坠落而下，可扑杀幼虫。

（3）在幼虫发生初期，可喷洒1.2%烟碱·苦参碱、10%阿维·除虫脲、25%阿维·灭幼脲、25%甲维·灭幼脲等无公害药剂进行防治。

国槐尺蠖

【中文学名】 国槐尺蠖。

【拉丁学名】 *Semiothisa Bremer* et Grey。

【别名】 国槐尺蛾、槐尺蛾，俗称"吊死鬼"。

【分类】 鳞翅目尺蛾科。

【寄主】 国槐、刺槐、龙爪槐、蝴蝶槐，在驻马店市主要寄主是国槐，大发生食料不足时也危害刺槐。

【寄主】 驻马店全市均有分布。国内分布于河南、河北、江苏、甘肃、安徽、浙江、江西、山东等地。

【危害】 以幼虫啃食叶片，常将叶片食尽，削弱树势，严重时可使植株死亡，是驻马店市国槐的主要食叶害虫之一。

【识别】

成虫 雄虫体长 14 ~ 17 mm，翅展 30 ~ 43 mm。雌虫体长 12 ~ 15 mm，翅展 30 ~ 45 mm。体灰黄褐色，雌雄相似。触角丝状，前翅亚基线及中线深褐色，在靠近前缘处均向外缘急弯成一锐角；亚缘线黑褐色，由紧密排列的 3 列黑褐色长形块斑组成，顶角黄褐色，其下方有一深色的三角形斑纹。后翅亚基线不明显；中线及亚外缘线均呈弧状，浓褐色，展翅时与前翅的中线和亚外缘相接，构成一完整的曲线。中室外缘有一黑色斑点。外缘呈明显的锯齿状缺刻。

国槐尺蠖成虫（陈元兵 摄）

幼虫 初孵幼虫黄褐色，取食后变为绿色。幼虫两型：一型 2 ~ 5 龄直至老熟前均为绿色，另一型则 2 ~ 5 龄各节体侧有黑褐色条状或圆形斑块。末龄幼虫老熟时体长 20 ~ 40 mm，体背变为紫红色。

卵 钝椭圆形，长 0.58 ~ 0.67 mm、宽 0.42 ~ 0.48 mm，一端较平截。初产时绿色，后渐变为暗红色以至灰黑色。

蛹 长 16.3 mm。初期为粉绿色，渐变为紫色。

国槐尺蠖幼虫（陈元兵 摄）

国槐尺蠖蛹（陈元兵 摄）

【生活史】 在驻马店市一般 1 年发生 3 代，个别年份发生 4 代，以蛹在土内越冬。翌年 4 月中旬羽化。第 1 代幼虫始见于 5 月上旬。各代幼虫危害盛期分别为 5 月中旬、7 月中旬及 8 月下旬至 9 月上旬。各代化蛹盛期分别为 5 月下旬至 6 月、7 月中下旬及 8 月下旬至 9 月上旬。10 月上旬仍有少量幼虫入土化蛹越冬。

【习性】 幼虫能吐丝下垂，随风飘散，或借助胸足和两对腹足的攀附，在树上做"弓"形的运动；老熟幼虫已完全失去吐丝能力，能沿树干向下爬行，或直接自树

驻马店市林业有害生物普查图鉴

冠掉落地面，全身紧贴地面蠕动。老熟幼虫大多于白天离树，入土化蛹。化蛹场所大多位于树冠垂直投影范围内，以树冠的东南面最多。在有适宜化蛹场所的条件下，离树干最远不超过 12 m。幼虫入土深度大多为 3 ~ 6 cm，少数可深达 12 cm。

【防治措施】

（1）3月之前，在树冠下及其周围疏松土中挖蛹。

（2）幼虫危害期，可用阿维菌素 6 000 ~ 8 000 倍液、3% 高渗苯氧威乳油 3 000 ~ 4 000 倍液、25% 灭幼脲 800 ~ 1 000 倍液或高效氯氰菊酯 1 500 ~ 2 000 倍喷雾防治。

二、蛀干害虫

桑天牛

【中文学名】 桑天牛。

【拉丁学名】 *Apriona germari*（Hope）。

【别名】 粒肩天牛。

【分类】 鞘翅目天牛科。

【寄主】 榆、柳、杨、刺槐、桑、构、朴、油桐、枫杨、苹果、梨、樱桃、无花果、海棠等，桑科植物受害最为严重。

【分布】 驻马店市均有分布，国内各地都有分布。

【危害】 幼虫蛀食枝干，成虫啃食树皮补充营养。

【识别】

成虫 黑色，全身密被棕黄色或青棕色绒毛；体长 20 ~ 51 mm、宽 8 ~ 16 mm，触角雌虫较体略长，雄虫超出体长 2 ~ 3 节，柄节和梗节黑色，以后各节前半黑色，后半灰白色。前胸近方形。鞘翅基部黑色光亮的方形，背面有横皱，侧刺突基部及前胸侧片均有黑色光亮的隆起刻点。

卵 长椭圆形，长 5 ~ 7 mm，前端较细，略弯曲，黄白色。

幼虫 圆筒形，乳黄色，老熟幼虫长达 76 mm，前胸最宽处 13 mm，前胸背板的"凸"字形锈色硬化斑的前缘色深，后半部密布赤褐色片状刺突，中部刺突较大，向前伸展成 3 对纺锤状纹，呈放射状排列。

蛹 纺锤形，长约 50 mm，黄白色。

【 72 】

桑天牛成虫（陈元兵　摄）

桑天牛幼虫（陈元兵　摄）

【生活史】　在驻马店市一般2年发生1代，以幼虫在枝干内越冬。翌年3、4月间大量蛀食危害，6月化蛹，7月中旬为羽化高峰。卵期8～15天。幼虫历期22～23个月，危害期达16～17个月。蛹期26～29天。成虫羽化后常在蛹室内静伏5～7天。

【习性】　成虫必须在补充营养寄主如桑、构、梓等树上取食才能繁殖；被啃食嫩枝皮层呈不规则条块状，伤疤边缘残留下绒毛状纤维。补充营养10～15天后交配产卵，有假死性。卵产在"U"字形刻槽内，每刻槽产卵1粒。每头雌虫产100余粒。初孵幼虫先向上蛀食约10 mm后，沿树干木质部往下蛀食，逐渐深入心材，如果树株矮小，下蛀可达根际。幼虫在坑道内，每隔一定距离即向外咬一圆形排粪孔，排出红褐色虫粪和蛀屑。幼虫危害多在下部排粪孔处。

【防治措施】

（1）人工防治。利用桑天牛在桑树、构树集中补充营养的习性，组织人工捕杀。

（2）注药防治。幼虫期用药棉堵塞有新鲜虫粪的排粪孔，用注射器从该孔上方注入40%氧化乐果乳油100倍液。

（3）喷药防治。成虫期喷洒8%绿色威雷或2%噻虫啉微胶囊悬浮剂。

松褐天牛

【中文学名】　松褐天牛。

【拉丁学名】　*Monochamus alternatus* Hope。

【别名】　松墨天牛、松天牛。

【分类】　鞘翅目天牛科。

【寄主】　马尾松、黑松、落叶松、油松、华山松、雪松、栎、苹果。在驻马店市

主要危害马尾松、黑松。

【分布】 驻马店市分布于驿城区、确山县、泌阳县。国内分布范围较广，主要分布于河南、河北、陕西、山东、浙江、江苏、江西、湖南、广东、广西、福建、台湾、四川、贵州、云南、西藏等地。

【危害】 松褐天牛是一种主要危害松树的蛀干害虫，幼虫钻蛀啃食树干，成虫啃食松树幼嫩枝皮补充营养。特别严重的是松褐天牛的成虫是松材线虫病最主要的传播昆虫，因其传播范围广、传播速度快，导致松材线虫病在多地致使大面积松树死亡。

【识别】

成虫 体长 15 ~ 28 mm、宽 4.5 ~ 9.5 mm，橙黄色到赤褐色，触角棕栗色。背部有白色点状斑纹，雄虫触角第 1、2 节全部和第 3 节基部具有稀疏的灰白色绒毛，雌虫除末端 2 ~ 3 节外，其余各节大部具灰白色。雄虫的触角长度是其体长的 2 倍以上，而雌虫的触角长度比其体长稍微长一点。

幼虫 乳白色，扁圆筒形，老熟幼虫体长最长可达 40 mm，头部较大，呈黑褐色，前胸背板褐色，中央有波状横纹。

松褐天牛成虫（许青云　摄）　　　　　　松褐天牛幼虫（许青云　摄）

卵 长约 4 mm，乳白色，略呈镰刀形。

蛹 乳白色，圆筒形，体长 20 ~ 26 mm。

【生活史】 松褐天牛在驻马店市 1 年发生 1 代，以老熟幼虫在木质部坑道中越冬。成虫始见期为 5 月上旬，末期为 9 月下旬。成虫羽化盛期为 5 月下旬至 8 月上旬，8 月中旬以后成虫数量大幅减少。

【习性】 成虫羽化后咬一直径 8 ~ 10 mm 的孔洞外出，在成虫初期啃食嫩枝、树皮补充营养物质且昼夜活动。成虫补充营养主要在树干和 1 ~ 2 年生嫩枝上。补充营养后期成虫几乎不再移动，一般在虫道外活动 10 天左右开始产卵。幼虫蛀入皮下，在边材上蛀成宽而不规则的平坑。深秋时穿凿椭圆形孔侵入心材部分，并向上方蛀成纵坑道，在末端化蛹越冬，翌年晚春羽化。

【防治措施】

（1）诱捕器捕杀。在每年的 4 ~ 9 月，在松树或松栎混交林挂松褐天牛诱捕器捕杀成虫。

（2）诱木捕杀。采用诱木引诱剂引诱，于成虫羽化前，在活立衰弱木上注入引诱剂，秋冬季取回诱木集中销毁。

（3）药剂防治。松褐天牛成虫期喷洒 8% 绿色威雷或 2% 噻虫啉微胶囊悬浮剂。

栗山天牛

【中文学名】 栗山天牛。

【拉丁学名】 *Massicus raddei*（Blessig）。

【别名】 高山天牛。

【分类】 鞘翅目天牛科。

【寄主】 各种栎类、栗类。在驻马店市主要危害栎类。

【危害】 以幼虫蛀食栎类的树干主干，致使栎树树枝枯死，并且易引起栎树风折，使树木失去经济价值。

【识别】

成虫 体长 40 ~ 60 mm、宽 10 ~ 15 mm，灰褐色，被棕黄色短毛，头部向前倾斜，下颚顶端末节端钝圆，复眼小、黑色，眼面较粗大。触角 11 节，近黑色，第 3、4 节成瘤状。雄虫的触角长度约为体长的 1.5 倍，雌虫触角约达鞘翅末端。鞘翅较长，两侧平行，端缘圆形，缝角具尖刺。

栗山天牛成虫（许青云 摄）

幼虫 长 60 ~ 70 mm，乳白色，疏生细毛。头部较小，向前胸缩入，淡黄褐色。胴部 13 节，背板淡褐色，前半部有 2 个"凹"字形纹横列。幼虫在木质部蛀道内越冬。

卵 长约 4 mm，长椭圆形，淡黄色。

蛹 长 45 ~ 50 mm，长椭圆形，淡黄色。

【生活史】 在驻马店市 3 年发生 1 代，以幼虫在所蛀树木木质部的蛀道内越冬，翌年 6 月蛹化成虫钻出，成虫具有趋光性。

【习性】 栗山天牛主要是幼虫钻蛀树干，在木质部内蛀食通道，在树内造成严重的内伤；成虫啃食树木的木栓层作为营养物质，咬食部位呈穴状，其啃食所流出的树液和雌虫的分泌物都呈黑色液状，有性诱剂的作用，诱使大量的成虫聚集，特别是傍晚，是成虫出现的高发期，山的南坡更容易引起成虫的出现聚集。

【防治措施】

（1）人工防治。在 5 ~ 6 月成虫期间，组织人工捕杀。

（2）诱杀防治。成虫期利用黑光灯或食物源引诱剂诱杀成虫，效果较好。

（3）虫孔注药。6 ~ 8 月在幼虫危害期，用注射器具注入氧化乐果，用药棉堵塞孔洞。

光肩星天牛

【中文学名】 光肩星天牛。

【拉丁学名】 *Anoplophora glabripennis*。

【别名】 亚洲长角天牛。

【分类】 鞘翅目天牛科。

【寄主】 杨、柳、桑、榆、刺槐等，在驻马店市主要寄主是杨树，大发生食料不足时也危害桑树、刺槐等。

【分布】 驻马店全市均有分布。国内分布于河南、河北、辽宁、山东、安徽、浙江、江苏、山西等地。

【危害】 幼虫蛀食树干，为害轻的降低木材质量，严重的能引起树木枯梢和风折。

【识别】

成虫 体扁平，长 20 ~ 30 mm、宽 4 ~ 7 mm。漆黑有光泽，被不太密厚的灰色绒毛，与底色相衬。触角极长，体长与触角之比，雄虫为 1∶2.5，雌虫为 1∶1.3 左右；前胸两侧各有 1 刺状突起，鞘翅上各有大小不等的白色或乳黄色毛斑约 20 个。

幼虫 初孵幼虫为乳白色，取食后呈淡红色，头部呈褐色。老熟幼虫体长约 50 mm，体带黄色，头部褐色。前胸大而长，其背板后半部较深，呈

光肩星天牛成虫

"凸"字形。

卵 长 5.5 mm，长椭圆形，稍弯曲，乳白色；将孵化时，变为黄色。

蛹 体长 30 mm，裸蛹，黄白色。

【**生活史**】 在驻马店市一般 1 年 1 代，以幼龄或者老熟幼虫越冬。初孵化幼虫先在树皮和木质部之间取食，25 ~ 30 天以后开始蛀入木质部，并且向上方蛀食。4 月气温上升到 10 ℃以上时，越冬幼虫开始活动为害。5 月上旬至 6 月下旬为幼虫化蛹期。6 月上旬开始出现成虫，盛期在 6 月下旬至 7 月下旬。

光肩星天牛幼虫（许青云　摄）

【**习性**】 虫道不规则，一般长 90 mm，最长的达 150 mm，末端常有通气孔。幼虫蛀入木质部以后，还经常回到木质部的外边，取食边材和韧皮。

【**防治措施**】

（1）保护和利用天敌是一种有效的控制方法。啄木鸟是天牛的主要天敌，应积极保护和招引。一般在 500 亩林地中有一对啄木鸟，就可以抑制天牛的发生。

（2）药剂防治。成虫期喷洒 8% 绿色威雷或 2% 噻虫啉微胶囊悬浮剂。在幼虫危害期，用注射器具注入氧化乐果，用药棉堵塞孔洞。

桃红颈天牛

【**中文学名**】 桃红颈天牛。

【**拉丁学名**】 *Aromia bungii*。

【**别名**】 红颈天牛、铁炮虫。

【**分类**】 鞘翅目天牛科。

【**寄主**】 桃花、樱花、榆叶梅、红叶李、梅花、垂丝海棠、木瓜海棠、西府海棠、贴梗海棠、菊花等花木。

【**分布**】 驻马店市均有分布。国内主要分布于北京、东北、河北、河南、江苏、浙江等地。

【**危害**】 此虫以幼虫蛀食树干和主枝，小幼虫先在皮层下串蛀，然后蛀入木质部，深达干心，受害枝干被蛀中空，阻碍树液流通，引起流胶，使枝干未老先衰，严重时可使全株枯萎。蛀孔外堆满红褐色木屑状虫粪。

【识别】

成虫 体长 28～37 mm，体黑色，有光亮；前胸背板红色，背面有 4 个光滑疣突，具角状侧枝刺；鞘翅翅面光滑，基部比前胸宽，端部渐狭；头黑色，腹面有许多横皱，头顶部两眼间有深凹。触角蓝紫色，基部两侧各有一叶状突起。前胸两侧各有 1 个刺突，背面有 4 个瘤突。鞘翅表面光滑，基部较前胸为宽，后端较狭。雄虫身

桃红颈天牛成虫（陈元兵　摄）

体比雌虫小，前胸腹面密布刻点，触角超过虫体 5 节；雌虫前胸腹面有许多横皱，触角超过虫体 2 节。

卵 卵圆形，乳白色，长 6～7 mm。

幼虫 老熟幼虫体长 42～52 mm，乳白色，前胸较宽广。身体前半部各节略呈扁长方形，后半部稍呈圆筒形，体两侧密生黄棕色细毛。前胸背板前半部横列 4 个黄褐色斑块，背面的 2 个各呈横长方形，前缘中央有凹缺，后半部背面淡色，有纵皱纹；位于两侧的黄褐色斑块略呈三角形。胸部各节的背面和腹面都稍微隆起，并有横皱纹。

蛹 体长 35 mm 左右，初为乳白色，后渐变为黄褐色。前胸两侧各有 1 个刺突。

【生活史】 在驻马店市此虫 2 年发生 1 代，以不同虫龄的幼虫在枝干蛀道内越冬，一般低龄幼虫在皮下，高龄幼虫在木质部内。翌春幼虫恢复活动，继续蛀食，严重时红褐色木屑状虫粪堆满干基地面，6～9 月间成虫羽化，以 7～8 月为盛发期。

【习性】 幼虫由上向下蛀食，被害主干及主枝蛀道扁宽，且不规则，蛀道内充塞木屑和虫粪，危害严重时，主干基部伤痕累累，并堆积大量红褐色虫粪和蛀屑。

【防治措施】

（1）药剂防治。成虫期喷洒 8% 绿色威雷或 2% 噻虫啉微胶囊悬浮剂。在幼虫危害期，用注射器具注入氧化乐果，用药棉堵塞孔洞。

（2）生物防治。保护和利用天敌昆虫，例如管氏肿腿蜂。

锈色粒肩天牛

【中文学名】 锈色粒肩天牛。

【拉丁学名】 *Apriona swainsoni*。

【分类】 鞘翅目天牛科。

【寄主】 主要危害槐树、柳、云实、紫柳、黄檀。

【分布】 驻马店市均有分布。国内分布于河南、山东、江苏、安徽、福建、四川、贵州、云南等地。

【危害】 锈色粒肩天牛是一种破坏性极强的钻蛀性害虫。在驻马店市危害 10 年生以上国槐的主干或大枝,行道树受害最重。不规则的横向扁平虫道破坏树木输导组织,轻者树势衰弱,重者造成表皮与木质部分离,诱导腐生生物二次寄生,使表皮成片腐烂脱落,致使树木 3 ~ 5 年内整枝或整株枯死。

【识别】

成虫 体长 28 ~ 39 mm。黑褐色,全体密被锈色短绒毛,头、胸及鞘翅基部颜色较深暗。头部额高胜于宽,中沟明显,直达后头后缘。雌虫触角较体稍短,雄虫触角较体稍长。前胸背板具有不规则的粗皱突起,前、后端横沟明显;两侧刺突发达,末端尖锐。鞘翅基 1/4 部分密布黑色光滑小颗粒,翅表散布许多不规则的白色细毛斑和排列不规则的细刻点。翅端平切,缝角和缘角均具有小刺,缘角小刺短而较钝,缝角小。

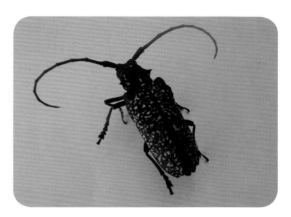

锈色粒肩天牛成虫

卵 长椭圆形,长径 2.0 ~ 2.2 mm,短径 0.5 ~ 0.6 mm。黄白色。

幼虫 老熟幼虫扁圆筒形,黄白色。体长 42 ~ 60 mm、宽 12 ~ 15 mm。前胸背板黄褐色,略呈长方形,其上密布棕色颗粒突起,中部两侧各有 1 斜向凹纹。

蛹 纺锤形,体长 35 ~ 42 mm,黄褐色。翅贴于腹面,达第 2 腹节。

锈色粒肩天牛幼虫

锈色粒肩天牛蛹

【生活史】 在河南 2 年发生 1 代,以幼虫在枝干木质部虫道内越冬。5 月上旬开始化蛹,蛹期 25 ~ 30 天。6 月上旬至 9 月中旬出现成虫,取食新梢嫩皮补充营养;雌成虫一生可多次交尾、产卵。产卵期在 6 月中下旬至 9 月中下旬，卵期 10 天。7 月中旬初孵幼虫自产卵槽下直接蛀入边材危害，11 月上旬在虫道尽头做细小纵穴越冬。

【习性】 初孵幼虫自韧皮部垂直蛀入边材，并将粪便排出，悬吊于皮部排粪孔处，在初孵幼虫蛀入 5 mm 深时，即沿枝干最外年轮的春材部分横向蛀食，不久又向内蛀食。幼虫历期 22 个月，蛀食危害期长达 13 个月。

【防治措施】

（1）加强检疫控制。在产地调运检疫中，对该虫的寄主植物应严格检疫，检查有无虫的卵、蛹、羽化孔、粪便、虫道和活虫体，对有疫情的要进行除害处理。

（2）营林措施。随着国槐树龄增长，要加强虫情监测，发现危害，及时除治；对虫口密度大、危害严重的单株，应及早伐除，防止虫害扩散。城市绿化要多营造混交林，可利用法桐、楸树、垂柳等阔叶树或雪松、侧柏等针叶树进行带状、块状混交，也可以单株间隔混交。

（3）药剂防治。成虫期喷洒 8% 绿色威雷或 2% 噻虫啉微胶囊悬浮剂。在幼虫危害期，用注射器具注入氧化乐果，用药棉堵塞孔洞。

云斑天牛

【中文学名】 云斑天牛。

【拉丁学名】 *Batocera horsfieldi*。

【别名】 白条天牛。

【分类】 鞘翅目天牛科。

【寄主】 寄主植物有白蜡、桑、柳、乌桕、女贞、泡桐、枇杷、杨、苦楝、悬铃木、柑橘、紫薇等，在驻马店市主要危害白蜡。

【分布】 驻马店市均有发生，在国内分布于上海、江苏、浙江、河北、陕西、安徽、江西、湖南、湖北、福建、广东、广西、台湾、四川、云南等地。

【危害】 成虫取食嫩枝皮层及叶片，幼虫蛀食树干，轻者树势衰弱，重者整株干枯死亡。

【识别】

成虫 体长 34 ~ 61 mm、宽 9 ~ 15 mm。

云斑天牛成虫

体黑褐色或灰褐色，密被灰褐色和灰白色绒毛。雄虫触角超过体长 1/3，雌虫触角略比体长，各节下方生有稀疏细刺，第 1 ~ 3 节黑色具光泽，有刻点和瘤突，前胸背板有 1 对白色肾形斑，侧刺突大而尖锐，小盾片近半圆形。每个鞘翅上有由白色或浅黄色绒毛组成的云状白色斑纹 2 ~ 3 纵行，末端白斑长形。鞘翅基部有大小不等的颗粒。

卵 长 6 ~ 10 mm、宽 3 ~ 4 mm，长椭圆形，稍弯，初产乳白色，以后逐渐变为黄白色。

幼虫 老龄幼虫体长 70 ~ 80 mm，淡黄白色，体肥胖多皱，头部除上颚、中缝及额中一部分为黑色外，其余皆为浅棕色。

蛹 体长 40 ~ 70 mm，淡黄白色。头部及胸部背面生有稀疏的棕色刚毛。

【生活史】 该虫在驻马店市 2 ~ 3 年 1 代，越冬成虫翌年 4 月中旬咬 1 圆形羽化孔爬出，5 月成虫大量出现，6 月为产卵盛期。成虫喜栖息在树冠庞大的寄主上。

【习性】 云斑天牛白天栖息在树干和大枝上，有趋光性，晚间活动取食，啃食嫩枝皮层和叶片，有假死性，受惊时即坠地。

【防治措施】

（1）人工捕杀成虫。成虫发生盛期，要经常检查，利用成虫有趋光性、不喜飞翔、行动慢、受惊后发出声音的特点，傍晚持灯诱杀，或早晨人工捕捉。

（2）药剂防治。成虫期喷洒 8% 绿色威雷或 2% 噻虫啉微胶囊悬浮剂。在幼虫危害期，用注射器具注入氧化乐果，用药棉堵塞孔洞。

三、刺吸式害虫

斑衣蜡蝉

【中文学名】 斑衣蜡蝉。

【拉丁学名】 *Lycorma delicatula*。

【别名】 椿皮蜡蝉、斑蜡蝉、椿蹦、花蹦蹦、樗鸡、花大姐等。

【分类】 同翅目蜡蝉科。

【寄主】 葡萄、臭椿、香椿、刺槐、苦楝、桃、李、杏、海棠等。

【分布】 驻马店市均有分布。国内分布于陕西、辽宁、山东、北京、江苏、四川、浙江、广东、台湾、河南、河北、山西等地。

【危害】 以成虫、若虫群集在叶背、嫩梢上刺吸危害，引起被害植株发生煤污

病或嫩梢萎缩、畸形等，严重影响植株的生长和发育。

【识别】

成虫　体长 14 ~ 20 mm，翅展 40 ~ 50 mm，全身灰褐色；前翅革质，基部约 2/3 为淡褐色，翅面具有 20 个左右的黑点；端部约 1/3 为深褐色；后翅膜质，基部鲜红色，具有 7 ~ 8 点黑点；端部黑色。体翅表面附有白色蜡粉。头角向上卷起，呈短角突起。

若虫　体形似成虫，初孵时白色，后变为黑色，体有许多小白斑，1 ~ 3 龄为黑色斑点，4 龄体背呈红色，具有黑白相间的斑点。

斑衣蜡蝉成虫（姜其军　摄）

斑衣蜡蝉若虫（许青云　摄）

卵　呈长圆柱形，褐色，长 3 mm、宽 2 mm 左右，排列成块，被有褐色蜡粉。

【生活史】　1 年发生 1 代，以卵在树干或附近建筑物上越冬。翌年 4 月中下旬陆续孵化为若虫，若虫期约 60 天，蜕皮 4 次后于 6 月中旬羽化为成虫。8 月中下旬开始交尾产卵，卵多产在树干的向阳面或树枝分杈阴面，呈块状，排列整齐，卵粒外附有粉状蜡质。成虫寿命长达 4 个月，危害至 10 月下旬陆续死亡。

【习性】　斑衣蜡蝉喜干燥炎热处。成虫、若虫均具有群栖性，飞翔力较弱，但善于跳跃。该虫的发生与气候关系甚大。若 8、9 月雨水多，湿度大、温度低，冬天开始早，可缩短其寿命，来不及产卵就早死；反之，若秋季雨水少，则第 2 年易造成灾害。

斑衣蜡蝉卵块（姜其军　摄）

【防治措施】

（1）人工防治。若虫和成虫发生期的 6 ~ 7 月，用捕虫网进行捕杀。

（2）在低龄若虫和成虫危害期，交替使用苦参碱、阿维菌素、甲维盐、菊酯类等高效、低毒、低残留的具有内吸、胃毒、触杀作用的化学农药进行地面喷雾防治。

八点广翅蜡蝉

【中文学名】 八点广翅蜡蝉。

【拉丁学名】 *Ricania speculum*（Walker）。

【别名】 八点蜡蝉、八点光蝉、黑羽衣。

【分类】 同翅目广翅蜡蝉科。

【寄主】 板栗、枣、桑、乌桕、油桐、腊梅、玫瑰、柳、桃、桂等近100种植物。

【分布】 驻马店市分布于泌阳县、确山县。国内分布于陕西、河南、江苏、浙江、湖北、湖南、江西、福建、台湾、广东、广西、贵州、云南、四川等地。

【危害】 成虫、若虫喜于嫩枝和芽、叶上刺吸汁液，导致生长发育不良；卵产于当年生枝条内，受害枝条产卵部位以上易枯死。

【识别】

成虫 体长6～8 mm，翅展16～24 mm，头胸部烟黑色，疏被白蜡粉；前胸背板短，具中脊，中胸背板具胸脊3条，触角刚毛状，短小；单眼2个，红色；翅革质密布纵横脉，呈网状；前翅宽大，暗褐色，略呈三角形，翅面被稀薄白色蜡粉，翅上有6～7个白色透明斑；后翅半透明，翅脉黑色，基部色略深，中室端有1个透明斑；腹部和足褐色，后足胫节外侧有2个刺。

卵 长椭圆形，初乳白色渐变为淡黄色。

若虫 体略呈菱形，翅芽处最宽，暗黄褐色，布有深浅不同的斑纹，体被白色蜡粉，腹部末端有4束白色绵毛状蜡丝，能像孔雀似的，做开屏状运动。

八点广翅蜡蝉成虫

八点广翅蜡蝉若虫（崔晓琦 摄）

【生活史】 1年发生1代，以卵在寄主的当年生枝条内越冬。若虫5月中旬至6月上中旬孵化，群集于嫩枝、叶上为害，危害至7月上中旬开始老熟羽化，8月中旬前后为羽化盛期，成虫羽化不久即交配产卵，8月下旬至10月下旬为产卵期，每雌能产卵4～5次，卵产于嫩枝梢组织中，每处10～80粒，产卵处表面覆有絮状白色蜡丝。

【习性】 白天活动危害，若虫有群集性，常数头在一起排列枝上，爬行迅速，善于跳跃；成虫飞行力较强且迅速，卵产于当年生枝条木质部内，孔外带出部分木丝并覆有白色绵毛状蜡丝。

【防治措施】

（1）加强管理。结合冬春修剪，剪除有卵块的枝条集中处理，减少虫源。

（2）药剂防治。危害期结合防治其他害虫兼治此虫。可喷洒菊酯类。由于该虫虫体特别是若虫被有蜡粉，所用药液中如能混用含油量0.3%～0.4%的柴油乳剂或黏土柴油乳剂，可显著提高防效。

桃粉大尾蚜

【中文学名】 桃粉大尾蚜。

【拉丁学名】 *Hyalopterus amygdali*（Blanchard）。

【别名】 桃大尾蚜、桃粉绿蚜、桃粉蚜。

【分类】 半翅目同翅类蚜科。

【寄主】 杏、梅、桃、李、榆叶梅等。

【分布】 驻马店市均有分布。分布较广，华北、华东、东北及长江流域各省均有发生为害。

【危害】 成虫、若虫群集于新梢和叶背刺吸汁液，被害叶片呈花叶状，增厚，叶色灰绿色或变黄，向叶背对合纵卷，卷叶内积有白色蜡粉，严重时叶片早落，嫩梢干枯不能生长。排泄蜜露常致煤污病发生。

桃粉大尾蚜危害状（姜其军 摄）

【识别】

有翅雌蚜 体长约2 mm，头、胸、腹管、尾片黑色，腹部淡绿色或黄绿色、红褐色、褐色。

无翅雌蚜 体长约2 mm，绿色、黄绿色、淡粉红色和红褐色，额瘤显著，腹管长筒形，尾片两侧各有 3 根长毛。

有翅雄蚜 体长约 1.5 mm，体色深绿色、灰黄色、暗红色或红褐色。头、胸部黑色，腹部淡绿色，额瘤显著稍次于无翅蚜。触角 6 节，较体稍短，除第 3 节基部稍带淡黄色外，其余均为黑色；第 3 节上有 9 ~ 15 个次生感觉孔，在外侧排列成行；4 ~ 5 节也有感觉孔。腹部背面中央有大型黑斑。腹管长 0.4 mm，黄绿色端部暗色，中部膨大，顶端有边如瓶口。尾片淡绿色，有曲毛 6 根。

桃粉大尾蚜若虫

卵 椭圆形，长约 0.6 mm，初为橙黄色，后变成漆黑色而有光泽。

若蚜 体小、绿小，与无翅胎生雌蚜相似，体绿色被白粉，淡粉红色。

【生活习性】 在驻马店市 1 年发生 20 ~ 30 代，生活周期类型属侨迁式。以卵在树枝嫩梢、芽或树干裂缝处越冬。初孵幼虫群集叶背和嫩尖处危害。5 月上中旬繁殖危害最盛，6 ~ 7 月大量产生有翅胎生雌蚜，迁飞到十字花科、茄科等作物上进行危害，并不断营孤雌胎生繁殖出无翅胎生雌蚜，继续危害。直至晚秋 10 ~ 11 月产生有翅母蚜，迁飞到冬寄主上，生出无翅卵生雌蚜和有翅雄蚜，雌雄交配后，在冬寄主植物上产卵越冬。成蚜、若蚜群聚危害，造成叶向叶背不规则卷曲、皱缩、枯萎。

【防治措施】

（1）结合整形修剪，加强土、肥、水管理，剪除被害枝梢，清除枯枝落叶，刮除粗老树皮。

（2）利用蚜虫的趋黄性，放置黄色粘虫板，诱杀有翅蚜虫。

（3）芽萌动期喷施溴氰菊酯、氰戊菊酯乳油。抽梢展叶期，喷施吡虫啉，每年一次即可控制危害。为害期喷药可在药液中加入表面活性剂（0.1% ~ 0.3% 的中性洗衣粉或 0.1% 害立平），增加黏着力，可提高防治效果。

栾多态毛蚜

【中文学名】 栾多态毛蚜。

【拉丁学名】 *Periphyllus koelreuteria*（Takahaxhi）。

【别名】 蜜虫。

【分类】 同翅目毛蚜科。

【寄主】 栾、黄山栾、七叶树等。

【分布】 驻马店市均有分布。国内分布于华中、华东、华北和陕西、山西、辽宁等地。

【危害】 通过刺入植物的茎、叶及幼嫩部位，吮吸汁液，使叶片蜷缩变形，植株干枯死亡、枝叶生长停滞，严重时嫩枝布满虫体，影响枝条生长，造成树势衰弱，甚至死亡。

【识别】 无翅孤雌蚜体长为 3 mm 左右，长卵圆形。黄褐色、黄绿色或墨绿色，胸背有 3 个深褐色瘤，呈三角形排列，两侧有月牙形褐色斑。触角、足、腹管和尾片黑色，尾毛 27 ~ 32 根。

有翅孤雌蚜体长为 3 mm，翅展 6 mm 左右，头和胸部黑色，腹部黄色，体背有明显的黑色横带。越冬卵椭圆形，深墨绿色。若蚜浅绿色，与无翅成蚜相似。

【生活史】 栾多态毛蚜 1 年发生数代，环境温度适宜时，5 ~ 7 天可完成 1 代。以卵在芽缝、树皮伤疤、树皮裂缝处越冬。翌年早春芽苞开裂时，母雌虫就危害幼枝及叶背面，3 月中下旬至 4 月上旬栾树刚发芽时，越冬卵孵化为若蚜，此时多栖息在芽缝处，与树芽颜色相似。4 月上中旬无翅雌蚜形成，开始胎生小蚜虫；4 月中下旬出现大量有翅蚜，进行迁飞扩散，虫口大增；4 月中下旬至 5 月危害最严重，6 月上中旬后，虫量逐渐减少；至 10 月中下旬有翅蚜迁回栾树，并大量胎生小蚜虫，危害一段时间后，产生有翅胎生雄蚜和无翅胎生雌蚜，交尾后在树上产卵越冬。

【防治措施】

（1）蚜虫繁殖快，世代多，用药易产生抗性。选药时建议用复配药剂或轮换用药，若蚜初孵期开始喷洒蚜虱净 2 000 倍液。大发生时可用 50% 啶虫咪水分散粒剂 3 000 倍液、10% 吡虫啉可湿性粉剂 1 000 倍液。防治时建议在常规用药基础上缩短用药间隔期，连用 2 ~ 3 次。

（2）利用瓢虫、草蛉、食蚜蝇等天敌。

栾多态毛蚜（王静　摄）

草履蚧

【中文学名】 草履蚧。

【拉丁学名】 *Drosicha corpulenta*（Kuwana）。

【别名】 草鞋蚧、桑虱、日本履绵蚧。

【分类】 同翅目珠蚧科草履蚧属。

【寄主】 危害杨树、法桐、海棠、樱花、无花果、紫薇、红枫等花木。

【分布】 河北、河南、青海、浙江、上海、福建、湖北、云南、四川、西藏等地。

【危害】 若虫和雌成虫常成堆聚集在芽腋、嫩梢、叶片和枝干上，吮吸汁液危害，造成植株生长不良，早期落叶。

【识别】

成虫 雌成虫体长达 10 mm 左右，背面棕褐色，腹面黄褐色，被一层霜状蜡粉。触角 8 节，节上多粗刚毛；足黑色，粗大。体扁，沿身体边缘分节较明显，呈草鞋底状；雄成虫体紫色，长 5～6 mm，翅展 10 mm 左右。翅淡紫黑色，半透明，翅脉 2 条，后翅小，仅有三角形翅茎；触角 10 节，因有缢缩并环生细长毛，似有 26 节，呈念珠状。腹部末端有 4 根体肢，分别是上腿、下腿。

卵 橘红色，有白色絮状蜡丝粘裹。

若虫 初孵化时棕黑色，腹面较淡，触角棕灰色，唯第 3 节淡黄色，很明显。

蛹 棕红色，有白色薄层蜡茧包裹，有明显翅芽。

【生活史】 1 年发生 1 代。以卵在土中越夏和越冬；翌年 1 月下旬至 2 月上旬，在土中开始孵化，能抵

草履蚧雌雄成虫（崔晓琦　摄）

草履蚧卵（崔晓琦　摄）

御低温，在"大寒"前后的堆雪下也能孵化，但若虫活动迟钝，在地下要停留数日，温度高，停留时间短，天气晴暖，出土个体明显增多。若虫出土后沿树干爬至梢部、芽腋或初展新叶的叶腋刺吸危害。雄性若虫 4 月下旬化蛹，5 月上旬羽化为雄成虫，羽化期较整齐，前后 2 星期左右。羽化后即觅偶交配，寿命 2 ~ 3 天。雌性若虫 3 次蜕皮后即变为雌成虫，开始下树，经交配后潜入土中产卵。卵有白色蜡丝包裹成卵囊，每囊有卵 100 多粒。

【习性】 草履蚧以若虫和雌成虫聚集在腋芽、嫩梢、叶片上，吮吸汁液，造成植株生长不良，严重者造成树木死亡。4 ~ 5 月，虫口密度较高，群体迁移，爬满附近墙体和地面，甚至钻进居民家中，影响环境卫生。

【防治措施】

（1）阻隔杀虫法。在草履蚧爬行上树之前，采取措施阻止初龄若虫上树危害，将树干胸高处老翘皮刮除一周，宽度为 15 ~ 20 cm，缠上反漏斗状光滑塑料布或透明胶带，并在胶带上涂抹"拦虫虎"药膏或粘虫剂或废机油，并及时清除被阻隔的若虫。

（2）对已上树的若虫，选用无公害或高效低毒的内吸杀虫剂喷药防治。如用 10% 吡虫啉 100 倍液，或 95% 机油乳剂 80 倍液，或蚧死净 400 倍液，每隔 10 天左右机械喷药 1 次，至少 3 次。

（3）对零星树，结合阻隔，人工用旧布鞋底等将树干上的若虫捋下杀死。

（4）注意保护和利用红环瓢虫、黑缘红瓢虫等天敌。

竹巢粉蚧

【中文学名】 竹巢粉蚧。

【拉丁学名】 *Nesticoccus sinensis*（Tang，1977）。

【别名】 灰球粉蚧、竹灰球粉蚧。

【分类】 同翅目粉蚧科。

【寄主】 紫竹、淡竹、刚竹、箭竹、金镶玉竹、碧玉间黄金竹、红壳竹等多种竹类。在驻马店市主要寄主是刚竹、箭竹。

【分布】 驻马店市主要分布在确山县、泌阳县。国内分布于江苏、浙江、安徽、山西、山东、河南、陕西等地。

【危害】 以成虫、若虫寄生在小枝腋间、叶鞘内吸汁为害，后期形成灰褐色球状蜡壳，致使枝叶枯萎、生长缓慢、竹丛衰败，并影响出笋，是驻马店市竹子的主要害虫之一。

【识别】

成虫 雌成虫呈梨形,前端略尖,后端宽大,全体硬化。体长 2.2 ~ 3.3 mm,紫褐色,外被以灰褐色带石灰质混有杂屑的球形蜡壳。雄成虫体长约 1.3 mm,头、胸红褐色,腹部淡黄色。

卵 长椭圆形,初产时淡黄色,孵化前变成茶褐色,略透明。

若虫 椭圆形,茶褐色,体背有 2 对背裂,腹末有 2 根长尾毛。

竹巢粉蚧（许青云　摄）

蛹 雄蛹梭形,初为橘红色,后变红褐色。

茧 椭圆形,由白色蜡丝组成。

【生活史】 在驻马店市 1 年发生 1 代,以受精雌成虫在当年新梢的叶鞘内越冬;翌年春继续取食,孕卵,虫体膨大成球形;4 月下旬产卵于体下,5 ~ 6 月间孵化为初孵若虫,很快爬行至新梢叶鞘内固着吸汁为害,同时体上分泌出白色蜡粉。5 月下旬雄若虫从叶鞘基部爬至端部结茧化蛹,6 月间羽化为雄成虫,此间雌成虫也羽化;雌雄交尾后,雄成虫很快死亡,雌成虫为害至 10 月陆续越冬。

【习性】 竹巢粉蚧通常喜欢老竹和阴湿条件,一般多发生于疏于管理、密度过大、竹龄结构偏老,或者是位于低洼、阴坡的竹林内。竹巢粉蚧可以以成虫和若虫的形式寄生在小枝腋间、叶鞘内,靠吸食竹的汁液存活,既影响竹的发育,也影响出笋,还会造成竹枝和竹叶枯死,进而使竹株长势衰退,同时易诱发竹煤污病。竹巢粉蚧发生严重时还可能造成竹株死亡。

【防治措施】

（1）若虫初孵期,采用 5% 的吡虫啉乳油 1 000 倍液、95% 蚧螨灵乳油 100 ~ 150 倍液、45% 灭蚧可溶性粉剂 80 ~ 100 倍液等药剂喷雾防治。

（2）保护和利用瓢虫、寄生蜂和草蛉等天敌。

紫薇绒蚧

【中文学名】 紫薇绒蚧。

【拉丁学名】 *Eriococcus legerstroemiae*（Kuwana）。

【分类】 同翅目绒蚧科。

【寄主】 紫薇、石榴等花木。

【分布】 驻马店市均有分布。国内分布于华北、华中地区。

紫薇绒蚧

【危害】 紫薇绒蚧主要以若虫、雌成虫聚集于小枝叶片主脉基部和芽腋、嫩梢或枝干等部位刺吸汁液，常造成树势衰弱、生长不良；而且其分泌的大量蜜露会诱发严重的煤污病，会导致叶片、小枝呈黑色，失去观赏价值。

【识别】

成虫 雌成虫扁平，椭圆形，长 2 ~ 3 mm，暗紫红色，老熟时外包白色绒质介壳。雄成虫体长约 0.3 mm，翅展约 1mm，紫红色。卵成卵圆形，紫红色，长约 0.25 mm。

若虫 椭圆形，紫红色，虫体周缘有刺突。雄蛹紫褐色，长卵圆形，外包以袋状绒质白色茧。

【生活史】 该虫在驻马店地区 1 年发生 3 代。绒蚧越冬虫态有受精雌虫、2 龄若虫或卵等，通常是在枝干的裂缝内越冬。每年的 6 月上旬至 7 月中旬以及 8 月中下旬至 9 月为若虫孵化盛期。

【防治措施】 参照柿绒蚧防治措施。

柿绒蚧

【中文学名】 柿绒蚧。

【拉丁学名】 *Acanthococcus kaki*（Kuwana）。

【别名】 柿绵蚧、柿粉蚧、柿毛毡蚧。

【分类】 同翅目粉蚧科。

【寄主】 柿树。

【分布】 驻马店市均有分布。国内分布于河北、河南、山东、山西、陕西等。

【危害】 若虫及雌成虫吸食柿

柿绒蚧危害症状（陈鹏飞　摄）

叶、枝及果实汁液。

【识别】

成虫 雌虫椭圆形，长约 1.5 mm、宽 1 mm 左右，紫红色，腹部边缘泌有细白弯曲的蜡毛状物，成熟时体背分泌出绒状白色蜡囊，长约 3 mm、宽 2 mm 左右，尾端凹陷。触角 4 节，3 对足小，胫节、跗节近等长。肛环发达，有成列孔及环毛 8 根。尾瓣粗锥状。雄长约 1.2 mm，翅展 2 mm 左右，紫红色。翅污白色。腹末具 1 小性刺和长蜡丝 1 对。

卵 紫红色，椭圆形，长 0.3 ~ 0.4 mm。

若虫 紫红色，扁椭圆形，周缘生短刺状突。雄蛹壳椭圆形，长约 1 mm、宽 0.5 mm，扁平，由白色绵状物构成，体末有横裂缝将介壳分为上、下两层。

【生活史】 在驻马店市一般 1 年发生 3 代，以初龄若虫在 2 年以上的枝条皮层缝隙、干柿蒂以及树干的粗皮缝隙中越冬。各代若虫基本上是在 6 ~ 9 月，前两代主要危害柿叶及嫩梢，后两代危害柿果。10 月中旬左右以第 4 代若虫越冬。

【习性】 第 3 代为害最重，致嫩枝呈现黑斑以致枯死，叶畸形、早落，果实现黄绿小点，严重的凹陷变黑或木栓化，幼果易脱落。主要靠接穗和苗木传播。

【防治措施】

（1）结合修剪，去除有虫枝条，越冬期刮树皮，用硬刷刷除越冬若虫。

（2）落叶后或发芽前喷洒波美度 3 ~ 5 石硫合剂或 45% 晶体石硫合剂 20 ~ 30 倍液、5% 柴油乳剂。若虫出蛰活动后和卵孵化盛期，特别是初孵若虫转移的时期是药剂防治的有利时机，常用的药剂有杀扑磷、吡虫啉和多种菊酯类药剂。

（3）注意保护天敌，如黑缘红瓢虫。

麻皮蝽

【中文学名】 麻皮蝽。

【拉丁学名】 *Erthesina fullo*（Thunberg）。

【别名】 黄斑蝽、麻蝽象、麻纹蝽、臭大姐。

【分类】 半翅目蝽科。

【寄主】 苹果、枣、沙果、李、山楂、梅、桃、杏、石榴、柿、海棠、板栗、龙眼、柑橘、杨、柳、榆等。

【分布】 在驻马店市均有分布。国内分布于内蒙古、辽宁、陕西、四川、云南、广东、海南、沿海各地及台湾，黄河以南密度较大。

【危害】 刺吸枝干、茎、叶及果实汁液，枝干出现干枯枝条；茎、叶受害出现黄褐色斑点，严重时叶片提前脱落；果实被害后，出现畸形或猴头果，被害部位常木栓化，

失去食用价值，对产量及品质造成很大损失。

【识别】

成虫 体长 20.0 ～ 25.0 mm、宽 10.0 ～ 11.5 mm。体黑褐色，密布黑色刻点及细碎不规则黄斑。头部狭长，侧叶与中叶末端约等长，测叶末端狭尖。触角 5 节黑色，第 1 节短而粗大，第 5 节基部 1/3 为浅黄色。喙浅黄 4 节，末节黑色，达第 3 腹节后缘。头部前端至小盾片有 1 条黄色细中纵线。前胸背板前缘及前侧缘具黄色窄边。胸部腹板黄白色，密布黑色刻点。各腿节基部 2/3 浅黄色，两侧及端部黑褐色，各胫节黑色，中段具淡绿色环斑，腹部侧接缘各节中间具小黄斑，腹面黄白，节间黑色，两侧散生黑色刻点，气门黑色，腹面中央具一纵沟，长达第 5 腹节。

卵 灰白块生略呈柱状，顶端有盖，周缘具刺毛。

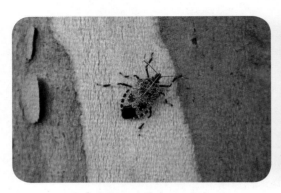
麻皮蝽成虫（姜其军 摄）

麻皮蝽卵及初孵幼虫（姜其军 摄）

若虫 各龄均呈扁梨形，前尖削后浑圆，老龄体长约 19 mm，似成虫。

【生活史】 驻马店市 1 年发生 1 代，以成虫于草丛或树洞、树皮裂缝及枯枝落叶下及墙缝、屋檐下越冬，翌春树发芽后开始活动，5 ～ 7 月交配产卵，卵多产于叶背，卵期 10 多天，5 月中下旬可见初孵若虫，7 ～ 8 月羽化为成虫危害至深秋，10 月开始越冬。

麻皮蝽若虫（姜其军 摄）

【习性】 成虫飞行力强，喜在树体上部活动，有假死性，受惊扰时分泌臭液，但早晚低温时常假死坠地，正午高温时则逃飞。有弱趋光性和群集性，初龄若虫常群集叶背，2 龄、3 龄才分散活动，卵多成块产于叶背，每块约 12 粒。

【防治措施】

在成虫、若虫危害期，利用假死性，在早晚进行人工振树捕杀，尤其在成虫产卵前振落捕杀，效果更好。危害严重的果园，在产卵或危害前可采用果实套袋防治法。越冬成虫出蛰完毕和若虫孵化盛期或卵高峰期喷吡虫啉、菊酯类药，防治效果很好。

硕蝽

【中文学名】 硕蝽。

【拉丁学名】 *Eurostus validus*（Dallas）。

【分类】 半翅目蝽科。

【寄主】 板栗、白栎、麻栎、梨树、梧桐、油桐、乌桕等。

【分布】 驻马店市分布于泌阳县、确山县、驿城区、遂平县。国内分布于河南、山东、陕西、甘肃、四川、贵州、广东、广西、台湾、辽宁、吉林等地。

【危害】 若虫和成虫刺吸新萌发的嫩芽、嫩梢汁液，造成嫩梢弯曲萎蔫，终至焦枯，严重影响果树的开花结果和树木生长。

【识别】

成虫 体长 23 ~ 34 mm、宽 11 ~ 17 mm。椭圆形，棕红色，具金属光泽。头小，三角形喙黄褐色，外侧及末端棕黑色，长达中胸中部。头和前胸背板前半缘、小盾片两侧及侧接缘大部分为蓝绿色，小盾片正三角形，上有较强的皱纹，末端翘起呈小匙状。侧接缘各节最基部淡褐色。腹下近绿色或紫铜色，泛金黄光泽、发亮，两侧蓝绿色，节缝处微红。触角基部 3 节黑色，末节橘红色。足深栗色，跗节红黄色，腿节近末端处有 2 枚锐刺。第 1 腹节背面近前缘处有 1 对发音器，梨形，由硬骨片与相连接的膜组成，通过鼓膜振动能发出"叽、叽"的声音，用来驱敌和寻偶。

卵 扁桶形，直径约 2.5 mm，灰绿色或青绿色，半透明，中央有一道闭合的青黄色环纹，如同乒乓球。将

硕蝽成虫

硕蝽若虫

孵化时可见 2 个红色小眼点，破卵器 "T" 字形骨化。

若虫　共 5 龄，体色变化较大。1 龄体扁椭圆形，腹末平直，初为淡黄绿色，后渐变红褐色、红色及至淡黄色，腹部各节具明显的半圆形白斑；2 龄时体略呈扁长方形，中部稍宽，初蜕皮时草绿色，后渐变淡黄绿色；3 ~ 4 龄虫体草绿色至黄绿色，具红斑，侧缘红色；5 龄黄绿色至淡绿色，翅芽发达，延伸至第 3 腹节背面。

【生活史】　驻马店市 1 年发生 1 代。以 4 龄若虫在寄主植物附近的杂草丛或叶背蛰伏过冬，翌年 4 月上旬开始活动。若虫脱皮 4 次共 5 龄。成虫 5 月中旬开始羽化，6 月上旬至 7 月下旬产卵于寄主附近双子叶杂草叶背，少数直接产于寄主叶背。卵块平铺，每块 10 多粒。1 龄若虫 6 月中旬出现，6 月下旬、7 月中旬、10 月上旬相继出现 2 龄、3 龄、4 龄若虫。10 月上中旬若虫进入 4 龄后越冬。

【习性】　该虫盛夏时有滞育习性，多数 3 龄若虫躲在两叶相叠处，静伏不动；4 ~ 5 龄若虫破坏性最大，受害嫩梢 3 ~ 5 天内即显凋萎。该虫在活动期间遇惊扰，能释放臭气，有较弱的假死性。

【防治措施】　成虫、若虫发生期，喷施 10% 吡虫啉或 2.5% 功夫乳油 2 000 倍液，或苏维士可湿性粉剂 1 500 倍液、2.5% 溴氰菊酯乳油 2 000 倍液。

膜肩网蝽

【中文学名】　膜肩网蝽。

【拉丁学名】　*Hegesidemus habrus* Darke。

【别名】　柳膜肩网蝽。

【分类】　半翅目网蝽科。

【寄主】　毛白杨、杨树、柳树等。

【分布】　驻马店市均有分布。

【危害】　以成虫和若虫于叶背刺吸树液，使叶面产生成片白色斑点，叶背面有其黑色点状的排泄物，可造成被害叶片变黑、卷曲和脱落。对植株的生长和园林景观都有一定的影响。

【识别】

成虫　体长约 3 mm、宽 1.2 mm；头红褐色，光滑，短而圆鼓；头刺黄白色；触角黄褐色，被短毛，第 4 节端部黑褐色；

膜肩网蝽危害状（崔晓琦　摄）

头兜屋脊状，末端有 2 个黑褐色斑，3 条纵脊灰黄色，两侧脊端与中纵脊平行；侧背板狭窄，脊状，具有 1 列小室；前翅长椭圆形，长过腹末端，浅黄白色，有许多透明小室，具深褐色"X"形斑；后翅白色，腹部腹面黑褐色，足黄褐色。

幼虫 初孵幼虫黄褐色，取食后变为绿色。幼虫两型：一型 2 ～ 5 龄直至老熟前均为绿色，另一型则 2 ～ 5 龄备节体侧有黑褐色条状或圆形斑块。末龄幼虫老熟时体长 20 ～ 40 mm，体背变为紫红色。

卵 长椭圆形，略弯，长 0.43 ～ 0.46 mm、宽 0.15 ～ 0.16 mm，初产时乳白色，后变淡黄色，孵化前变为红色。卵多成行，产于叶背面主脉和侧脉两边的叶肉里。

若虫 4 龄若虫体长 2.1 mm、宽 1.1 mm，头黑色。翅芽呈椭圆形，伸到腹背中部，基部和端部黑色，腹部黑斑横向和纵向断续分别分成 3 小块与尾须连接。

【生活史】 在驻马店市一般 1 年发生 3 ～ 4 代，以成虫在树洞、树皮缝隙间或枯枝落叶下越冬。翌年 4 月上旬恢复活动，上树危害。5 月上旬产卵于叶片组织内。5 月中旬若虫孵化后刺吸叶背面组织。叶被害后背面呈白色斑点。第 2 代成虫出现于 7 月上旬，第 3 代 8 月上旬发生，第 4 代 8 月下旬出现，危害至 11 月陆续越冬。

【习性】 成虫喜阴暗，多聚居于树冠中下部叶背。成虫寿命 20 ～ 30 天，若虫 4 龄。当气温低于 10 ℃时，成虫开始下树进入越冬态。膜肩网蝽成虫有假死现象和群体短距离转移危害的习性；成虫、若虫还具有群集危害的习性。

【防治措施】
（1）8 ～ 10 月，用吡虫啉加三氟微乳剂 1 500 倍液进行叶面喷雾防治。
（2）基部注射方法：用 40% 久效磷 + 40% 氧化乐果 + 80% 敌敌畏，3 年生树木每株 30 mL，4 年生树木每株 40 mL。

悬铃木方翅网蝽

【中文学名】 悬铃木方翅网蝽。

【拉丁学名】 *Corythucha ciliate*（Say）。

【分类】 半翅目网蝽科。

【寄主】 悬铃木、构树、杜鹃花科、山核桃树、白蜡树。

【分布】 驻马店市均有分布。国内分布于西南、华南、华中、华北的大部分地区。

【危害】 成虫和若虫以刺吸寄主树木叶片汁液为害为主，受害叶片正面形成许多密集的白色斑点，叶背面出现锈色斑，从而抑制寄主植物的光合作用，影响植株正常生长，导致树势衰弱。受害严重的树木，叶片枯黄脱落，严重影响景观效果。

悬铃木方翅网蝽（杨明丽　摄）　　　　　　　悬铃木方翅网蝽成虫

【识别】

成虫　虫体乳白色，在两翅基部隆起处的后方有褐色斑；体长 3.2 ~ 3.7 mm，头兜发达，盔状，头兜的高度较中纵脊稍高；头兜、侧背板、中纵脊和前翅表面的网肋上密生小刺，侧背板和前翅外缘的刺列十分明显；前翅显著超过腹部末端，静止时前翅近长方形；足细长，腿节不加粗。

若虫　共 5 龄，体形似成虫，但无翅。

【生活史】　成虫寿命大约 1 个月，它的繁殖量非常大，每只成虫能产卵 200 ~ 300 个，1 年发生 4 ~ 5 代，雌虫产卵时先用口针刺吸叶背主脉或侧脉，伸出产卵器插入刺吸点产卵，产完卵后分泌褐色黏液覆在卵盖上，卵盖外露。

【习性】　该虫较耐寒，最低存活温度为 -12.2 ℃，以成虫在寄主树皮下或树皮裂缝内越冬。该虫可借风或成虫的飞翔做近距离传播，也可随苗木或带皮原木做远距离传播。

【防治措施】

（1）早春，在卵孵化高峰期，用高压水枪驱逐若虫。

（2）在初龄若虫期，以内吸性和触杀性药剂为主，如 10% 啶虫脒 1 000 倍液、25% 噻虫嗪 1 500 倍液，每隔 10 天 1 次，共喷 3 次。

白粉虱

【中文学名】　白粉虱。

【拉丁学名】　*Trialeurodes vaporariorum*（Westwood）。

【别名】　小白蛾子。

【分类】　半翅目粉虱科。

【寄主】　寄主范围广泛，林木、果树、花卉、农作物等都常受其危害。

【分布】 驻马店市均有分布。白粉虱是世界性害虫，我国各地都有分布。

【危害】 成虫和若虫吸食植物汁液，被害叶片褪绿、变黄、萎蔫，甚至全株枯死。此外，由于其繁殖力强、繁殖速度快，种群数量庞大，群聚危害，并分泌大量蜜液，严重污染叶片和果实，引起煤污病的大发生。

【识别】

成虫 体淡黄白色或白色，体长 1.0 ~ 1.2 mm，雌虫个体比雄虫大，经常雌雄成对在一起，大小对比显著。雌雄均有翅，全身被有白色蜡粉，其产卵器为针状。

卵 椭圆形，具柄，开始浅绿色，逐渐由顶部扩展到基部为褐色，最后变为紫黑色。

若虫 1 龄若虫身体为长椭圆形，较细长；有发达的胸足，能爬行，触

白粉虱成虫（崔晓琦 摄）

角发达，腹部末端有 1 对发达的尾须，相当于体长的 1/3；2 龄若虫胸足显著变短，无步行机能，身体显著加宽，椭圆形；尾须显著缩短；3 龄若虫体形与 2 龄若虫相似，略大，体背有 3 个白点。

蛹 早期身体显著比 3 龄加长加宽，但尚未显著加厚，背面蜡丝发达四射，体色为半透明的淡绿色，附肢残存；尾须更加缩短。中期身体显著加长加厚，体色逐渐变为淡黄色，背面有蜡丝，侧面有刺。末期比中期更长更厚，呈匣状，复眼显著变红，体色变为黄色，成虫在蛹壳内逐渐发育起来。

【生活史】 成虫羽化后 1 ~ 3 天可交配产卵。也可孤雌生殖，其后代雄性。白粉虱繁殖适宜温度为 18 ~ 21 ℃。环境适合时，约 1 个月完成 1 代，1 年可发生 10 代以上。

【习性】 雌成虫有选择嫩叶集居和产卵的习性，随着寄主植物的生长，成虫逐渐向上部叶片移动，造成各虫态在植株上的垂直分布，常表现明显的规律。新产卵绿色，多集中在上部叶片，老熟的卵则位于稍下的一些叶上，再往下则分别是初龄幼虫、老龄幼虫，最下层叶片则主要是伪蛹和新羽化的成虫。

【防治措施】 在白粉虱发生初期，用 10% 吡虫威 400 ~ 600 倍液，或 10% 扑虱灵乳油 1 000 倍液，或 25% 扑虱灵乳油 1 500 倍液喷雾。一般 5 ~ 7 天喷 1 次，连喷 2 ~ 3 次。

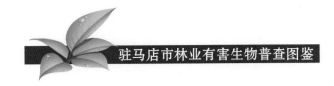

梨木虱

【中文学名】 梨木虱。

【拉丁学名】 *Psylla chinensis*（Yang et Li）。

【分类】 属半翅目木虱科。

【寄主】 在驻马店市主要寄主是梨树。

【分布】 驻马店全市均有分布。在国内各梨产区均有分布，以东北、华北、西北等北方梨区为重。

【危害】 以幼虫、若虫刺吸芽、叶、嫩枝梢汁液进行直接危害，梨木虱成虫不危害，只产卵，产卵后迅速死亡。幼虫、若虫分泌黏液，使叶片造成间接危害、出现褐斑而造成早期落叶，同时污染果实，严重影响梨的产量和品质。

【识别】

成虫 成虫分冬型和夏型，冬型体长 2.8 ~ 3.2 mm，体褐色至暗褐色，具黑褐色斑纹。夏型成虫体略小，黄绿色，翅上无斑纹，复眼黑色，胸背有 4 条红黄色或黄色纵条纹。

卵 卵长圆形，一端尖细，具一细柄。

若虫 扁椭圆形，浅绿色，复眼红色，翅芽淡黄色，突出在身体两侧。

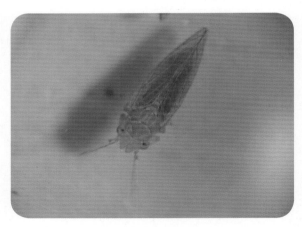

梨木虱成虫

【生活史】 在驻马店市一般 1 年发生 6 ~ 7 代，以冬型成虫在落叶、杂草、土石缝隙及树皮缝内越冬。在早春 2 ~ 3 月出蛰，直接危害盛期为 5 ~ 7 月，全年均可危害；到 7 ~ 8 月，雨季到来，由于梨木虱分泌的胶液招致杂菌，发生霉变，致使叶片产生褐斑并坏死，造成严重间接危害，引起早期落叶。

【习性】 以冬型成虫在落叶、杂草、土石缝隙及树皮缝内越冬，在早春 2 ~ 3 月出蛰，3 月中旬为出蛰盛期，在梨树发芽前即开始产卵于枝叶痕处，发芽展叶期将卵产于幼嫩组织茸毛内、叶缘锯齿间、叶片主脉沟内等处。若虫多群集，在果园内及树冠间均为聚集型分布。若虫有分泌胶液的习性，在胶液中生活、取食及危害。

【防治措施】

（1）彻底清除树的枯枝、落叶、杂草，刮老树皮，严冬浇冻水，消灭越冬成虫。

（2）在 3 月中旬越冬成虫出蛰盛期喷洒菊酯类药剂 1 500 ～ 2 000 倍液，控制出蛰成虫基数。

（3）在梨木虱严重发生时，可选用阿维菌素防治梨木虱。若要求速效，可酌量添加菊酯类药剂。

山楂叶螨

【中文学名】 山楂叶螨。

【拉丁学名】 *Tetranychus viennensis*（Zacher）。

【别名】 山楂红蜘蛛。

【分类】 蜱螨目叶螨科。

【寄主】 梨、苹果、桃、樱桃、山楂、李等多种果树，在驻马店市主要寄主是梨、桃等果树。

【分布】 驻马店市均有分布。在我国分布较广。

【危害】 吸食叶片及幼嫩芽的汁液。叶片严重受害后，先是出现很多失绿小斑点，随后扩大连成片，严重时全叶变为焦黄而脱落，严重抑制树木生长。

【识别】

成螨 雌成螨卵圆形，体长 0.54 ～ 0.59 mm，冬型鲜红色，夏型暗红色。雄成螨体长 0.35 ～ 0.45 mm，体末端尖削，橙黄色。

卵 圆球形，春季产的卵呈橙黄色，夏季产的卵呈黄白色。

幼螨 初孵幼螨体圆形、黄白色，取食后为淡绿色，3 对足。

若螨 4 对足。前期若螨体背开始出现刚毛，两侧有明显墨绿色斑，后期若螨体较大，体形似成螨。

【生活史】 山楂叶螨在河南 1 年发生 12 ～ 13 代。均以受精雌螨在树体各种缝隙内及干基附近土缝里群集越冬。翌春日平均气温达 9 ～ 10 ℃时出蛰危害芽，展叶后到叶背为害，此时为出蛰盛期，整个出蛰期达 40 余天。一般 6 月前温度低，完成 1 代需 20 余天，虫量增加缓慢，夏季高温干旱 9 ～ 15 天即可完成 1 代，卵期 4 ～ 6 天，麦收前后为全年发生的

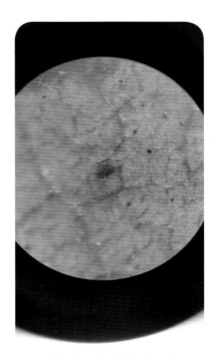

山楂叶螨若螨（崔晓琦 摄）

高峰期，严重者常早期落叶。

【习性】

成螨、若螨、幼螨喜在叶背群集为害，有吐丝结网习性，并可借丝随风传播，卵产于丝网上。

【防治措施】

（1）保护和引放天敌。天敌有食螨瓢虫、小花蝽、食虫盲蝽、草蛉、蓟马、隐翅甲、捕食螨等数十种。

（2）树木休眠期刮除老皮，重点是刮除主枝分杈以上老皮，主干可不刮皮，以保护主干上越冬的天敌。

（3）发芽前结合防治其他害虫可喷洒波美石硫合剂或 45% 晶体石硫合剂 20 倍液、含油量 3% ~ 5% 的柴油乳剂，特别是刮皮后施药效果更好。

杨圆蚧

【中文学名】　杨圆蚧。

【拉丁学名】　*Quadraspidiotus gigas*（Thiem et Gemeck）。

【分类】　半翅目盾蚧科。

【别名】　杨干蚧、杨笠圆盾蚧。

【寄主】　在驻马店市主要寄主是杨树。

【分布】　驻马店市均有发生。在国内分布于黑龙江、吉林、辽宁、内蒙古、山西、甘肃、新疆等地。

【危害】　以刺吸式口器刺吸枝干液汁为害，受害树体树叶发黄、变小，树叶、枝条和新干形成瘤突，凹凸不平，后期枝干树皮开裂，易感腐烂病，新旧介壳重叠密布整个枝条，导致树势衰退，林木成片死亡。

【识别】

成虫　雌介壳圆形，直径约 2 mm，分为 3 轮，轮纹明显，中心淡褐色，略突起，内轮深褐色，外轮灰白色。雄介壳较小，椭圆形，长约 15 mm、宽 1 mm，介壳顶部有一稍偏一边的点突。雌成虫体长约 15 mm，浅黄色，倒梨形，臀板黄褐色，触角瘤状，上面生一根毛。雄成虫橙黄色，体长约 1 mm，触角

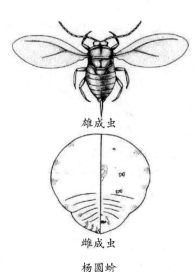

雄成虫

雌成虫

杨圆蚧

丝状，9 节，翅膜质，后翅变为平衡棒，交尾器细长。

卵 初产时白色透明，后变为淡黄色。长椭圆形。

若虫 初孵若虫体长约 0.13 mm，淡黄色，长椭圆形，扁平，臀板淡杏黄色。足与口器发达，触角 5 节。尾毛 1 根。大龄后尾毛、触角和足全部退化。体变为圆形或椭圆形。蛹黄色，翅、触角、足明显，交尾器圆锥形。

【生活史】 在驻马店市一般 1 年发生 6 ~ 7 代，以冬型成虫在落叶、杂草、土石缝隙及树皮缝内越冬。在早春 2 ~ 3 月出蛰，直接为害盛期为 5 ~ 7 月，全年均可为害；到 7 ~ 8 月危害最为严重。

【防治措施】

（1）保护和利用天敌。如双带巨角跳小蜂、环斑跳小蜂、黄胸蚜小蜂、红点唇瓢虫、龟纹瓢虫等。

（2）选用较抗虫的品种栽植。加强管理，增强树势，提高树体的抗虫性。

（3）若虫孵化初期，用 40% 氧化乐果乳油 1 500 倍液或 0.5 波美度石硫合剂喷雾 1 ~ 2 次即可。

四、果实和地下害虫

桃蛀果蛾

【中文学名】 桃蛀果蛾。

【拉丁学名】 *Carposinaniponensis Walsingham*。

【别名】 桃小食心虫。

【分类】 鳞翅目蛀果蛾科。

【寄主】 桃、苹果、枣、山楂、李、杏、海棠等果树。

【分布】 驻马店市均有分布。国内分布于河南、河北、山西、天津、沈阳等地。

【危害】 幼虫蛀食桃、苹果、枣、山楂、李、杏、海棠等果树，对仁果类

桃蛀果蛾危害症状

危害，多直入果心危害种子，并串食果肉排粪于其中。幼果受害多呈畸形"猴头"；对核果类和枣树危害，多于果核周围蛀食果肉，排粪于其中。

【识别】

成虫 体长 5 ~ 8 mm，翅展 13 ~ 18 mm，全体淡灰褐色，复眼红褐色。前翅灰白色，中央近前缘有近似三角形的蓝黑色大斑 1 个，基部和中部有 7 簇蓝黑色斜立的鳞片；后翅灰色，中室后缘有成列的长毛。

幼虫 老龄幼虫体长 13 ~ 16 mm，桃红色，腹部色淡，幼龄幼虫体为淡黄白色，无臀栉，前胸背板红褐色，体肥胖。

桃蛀果蛾成虫

桃蛀果蛾 5 龄幼虫

蛹 体长 6.5 ~ 8.6 mm，初黄白色后变黄褐色，羽化前为灰黑色，翅、足和触角部游离。

卵 近椭圆形或桶形，初产时橙色，后渐变深红色，以底部黏附于果实上，卵壳具有不规则略呈椭圆形刻纹，端部环生 2 ~ 3 圈 "Y" 形外长物。

【生活史】 驻马店市一般 1 年发生 1 ~ 2 代，6 ~ 7 月间成虫大量羽化，7 ~ 8 月为第 1 代幼虫危害期。8 月下旬幼虫老熟，结茧化蛹，8 ~ 10 月初发生第 2 代。

【习性】 老熟幼虫在土中结冬茧越冬。越冬代成虫后羽化，羽化后经 1 ~ 3 天产卵，绝大多数卵产在果实绒毛较多的萼洼处。初孵幼虫先在果面上爬行数十分钟到数小时之久，选择适当的部位，咬破果皮，然后蛀入果中，第 1 代幼虫在果实中历期 22 ~ 29 天。第 1 代成虫在 7 月下旬至 9 月下旬出现，盛期在 8 月中下旬。第 2 代卵发生期与第 1 代成虫的发生期大致相同，盛期在 8 月中下旬。第 2 代幼虫在果实内历期 14 ~ 35 天，幼虫脱果期最早在 8 月下旬，盛期在 9 月中下旬，末期在 10 月。

【防治措施】

（1）在幼虫出土前，于 5 月进行果实套袋，减少其危害。

（2）用 30% 桃小灵 1 500 ~ 2 000 倍液，20% 灭扫利 2 000 ~ 2 500 倍液，1.8% 阿维虫清 2 500 ~ 3 000 倍液，2.5% 功夫菊酯 1 500 ~ 2 000 倍液，25% 灭幼脲 1 500 倍液，

20% 除虫脲 4 000 ～ 6 000 倍液等药剂喷洒。

梨小食心虫

【中文学名】 梨小食心虫。

【拉丁学名】 *Grapholitha molesta*（Busck）。

【别名】 梨小蛀果蛾、东方果蠹蛾、梨姬食心虫、桃折梢虫。

【分类】 鳞翅目卷蛾科。

【寄主】 梨、桃、李、杏、海棠、樱桃等。

【分布】 驻马店市均有分布。广布于我国各地。

【危害】 危害新梢时，多从新梢顶端叶片的叶柄基部蛀入髓部，由上向下蛀食，蛀孔外有虫粪和树胶流出，被害嫩梢的叶片逐渐凋萎下垂，最后枯死。危害果实时，幼虫蛀入果肉纵横蛀食，孔外排出较细虫粪，周围易变黑。果内道直向果心，果肉、种子被害处留有虫粪，常使果肉变质腐败，不能食用。

【识别】

成虫 体长 5 ～ 7 mm，翅展 9 ～ 15 mm，全身灰褐色，无光泽，前翅前缘有 10 组白色短针纹，在翅的中部有 1 个小白点，近外缘处有 10 个小黑斑点。雌蛾尾端有环状鳞片，雄蛾比雌蛾略小。

幼虫 末龄幼虫体长 10 ～ 13 mm。全体非骨化部分淡黄白色或粉红色，头部黄褐色。

蛹 体长 6 ～ 7 mm，纺锤形，黄褐色，腹部背面有两排短刺，排列整齐。茧长 10 mm，白色，丝质，长椭圆形，稍扁平。

卵 淡黄白色，近乎白色，半透明，扁椭圆形，中央隆起，周缘扁平。

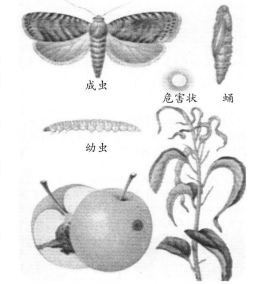

成虫　　危害状　蛹

幼虫

【生活史】 在驻马店市 1 年发生 3 代，越冬代和第 1 代幼虫主要危害梨梢、芽、叶柄和幼果，但越冬代幼虫成活率较低。第 2 代幼虫危害梨果增多，第 3 代幼虫主要蛀食梨果。第 1 代成虫发生期在 6 月至 8 月上旬，盛期为 7 月中下旬；第 2 代成虫发生期在 8 月上中旬，8 月下旬至 9 月上旬为发生盛期，9 月下旬结束；第 3 代卵发生始期为 8 月上中旬，盛期为 8 月下旬至 9 月上旬。

【习性】 梨小食心虫各代发生时期不整，各代发生期很长，世代明显重叠。成虫寿命5天，卵期4～7天，幼虫期22～26天，蛹期10～15天。成虫对黑光灯有一定趋性，对糖醋液有较强趋性。幼虫喜食肉细、皮薄、味甜的梨品种。

【防治措施】 防治措施同桃蛀果蛾。

剪枝栎实象

【中文学名】 剪枝栎实象。

【拉丁学名】 *Cyllorhynchites ursulus*（Roelofs）。

【别名】 板栗剪枝象鼻虫、剪枝象甲。

【分类】 鞘翅目象甲科。

【寄主】 板栗、茅栗及栎类植物。

【分布】 驻马店市均有分布。全国均有分布。

【危害】 主要危害栎树、板栗树。成虫咬断栗树果枝，造成大量栗苞脱落。幼虫又可在板栗苞内或栎果内取食果肉。

【识别】

成虫 体长7 mm左右、宽9.5 mm左右，喙较长，蓝黑色，有光泽，密被银灰色绒毛，并有疏生黑色长毛，鞘翅上各有10列刻点，头管稍弯曲，与鞘翅等长。雄虫的触角在其鼻管1/3处，雌虫鼻管在其触角1/2处，并且雄虫前胸两侧各有1个尖刺，雌虫则无。

幼虫 初期为乳白色，老熟时为黄白色，长4.5～8 mm，呈弯曲状，多横褶。

卵 椭圆形，长1.34 mm、宽0.1 mm，初期为乳白色，后期呈淡黄色。

蛹 裸蛹。长约8 mm，初期为乳白色，后期为淡黄色，头管伸向腹部，腹部末端有1对褐色刺毛。

剪枝栎实象雄成虫（许青云 摄）

剪枝栎实象雌成虫（许青云 摄）

【生活史】 在驻马店市1年发生1代，以幼虫在土中做室越冬，雨水多时对其存活不利。翌年5月开始化蛹，蛹期1个月左右。6月羽化成虫，成虫在树上啃食栗苞，约一周后就可交尾产卵，卵产于栗苞或栎果内，初孵幼虫初期危害栎、栗类的果实。幼虫期30天左右，对栎、栗的果实危害较大，9月老熟幼虫从果内钻出，入土做室越冬。

【习性】 成虫在9：00至16：00比较活跃，早、晚很少活动，受惊扰即落地假死。交配产卵以17：00黄昏前最盛，交尾后即可产卵。成虫产卵前先在距栗苞3～6 cm处咬断果枝，但仍有皮层相连，使栗苞倒悬其上，再在栗苞上用口器刻槽，产卵其中，产毕用碎屑封口。初孵幼虫先在栗苞内为害，逐渐蛀入坚果内取食，将坚果蛀空，充满虫粪。

【防治措施】

（1）人工防治。及时拾取落地虫果，集中烧毁或深埋，消灭其中的幼虫。利用成虫的假死习性，在发生期振树，虫落地后捕杀。

（2）药剂熏蒸。将新脱粒的栗实放在密闭条件下，用56%磷化铝片剂按21 g/m³处理24小时。

（3）喷洒药剂。成虫出土初期在地面喷洒5%辛硫磷粉剂或对硫磷粉。成虫树上发生期用45%久效磷乳油1 500倍液。

白星花金龟

【中文学名】 白星花金龟。

【拉丁学名】 *Protaetia brevitarsis*（Lewis）。

【别名】 白星花金龟子。

【分类】 鞘翅目共金龟科。

【寄主】 梨、葡萄、桃、李、榆等多种树木。

【分布】 驻马店市均有分布。国内主要分布在东北、华北、黄淮海地区以及西北地区。

【危害】 该虫以成虫危害为主，食谱极广，包括林木、粮食、水果、蔬菜等。

【识别】

卵 卵大小不同，圆形或椭圆形，长1.7～2.0 mm，乳白色。

幼虫 老熟幼虫体长24～39 mm，头部褐色，胸足3对，短小，腹部乳白色，肛腹片上的刺毛呈倒"U"字形2纵行排列，每行刺毛数为19～22根，体向腹面弯曲呈"C"字形，背面隆起，多横皱纹，头较小，胴部粗胖，黄白色或乳白色。

蛹 裸蛹，卵圆形，先端钝圆，向后渐削，长20～23 mm，初期为白色，渐变为黄白色。

成虫 成虫体长 17 ~ 24 mm、宽 9 ~ 13 mm，椭圆形，背面较平，体较光亮，多古铜色或青铜色，体表散布不规则白绒斑 10 多个。头部较窄，复眼突出，前胸背板后角与鞘翅前缘角之间有一个三角片很显著。鞘翅宽大，近长方形，肩部最宽。背面布有粗大刻纹，白绒斑多为横波纹状，多集中在鞘翅的中后部。

白星花金龟幼虫

白星花金龟蛹

白星花金龟成虫（崔晓琦 摄）

【生活史】 在驻马店市白星花金龟 1 年发生 1 代，以幼虫在土壤中越冬，成虫于 5 月中旬出现，羽化盛期在 6 月上旬至 7 月上旬。成虫出土持续时间较长，一般卵期始于 6 月下旬，终于 10 月上旬，幼虫期自 7 月中旬到翌年 4 月上旬，蛹期为 3 月下旬至 5 月下旬 。

【习性】 白星花金龟成虫昼伏夜出，飞翔能力强，具有假死性、趋腐性及趋糖性，对信息素也有很强的趋性。多产卵于粪堆、秸秆、腐草堆等腐殖质较多、环境条件比较潮湿或施有未经腐熟肥料的场所。幼虫为腐食性，多在腐殖质丰富的疏松土壤或腐熟的粪堆中生活。

【防治措施】

（1）化学防治法。主要包括利用药剂处理粪肥杀死幼虫以及直接药剂喷雾杀灭成虫。

（2）诱杀。糖醋液诱杀，将红糖、醋、白酒与水按照 4∶3∶1∶2 的比例配成糖醋液，对白星花金龟有较好的诱杀作用。

铜绿丽金龟

【中文学名】 铜绿丽金龟。

【拉丁学名】 *Anomala corpulenta* Motschulsky。

【别名】 铜绿金龟子、青金龟子、淡绿金龟子。

【分类】 鞘翅目丽金龟科。

【寄主】 苹果、山楂、海棠、梨、杏、桃、李、梅、柿、核桃、醋栗、草莓等，以苹果属果树受害最重。

【分布】 国内主要分布于黑龙江、吉林、辽宁、河北、内蒙古、宁夏、陕西、山西、山东、河南、湖北、湖南、安徽、江苏、浙江、江西、四川、广西、贵州、广东等地。

【危害】 成虫取食叶片，常造成大片幼龄果树叶片残缺不全，甚至全树叶片被吃光。

【识别】

成虫 体长 19 ~ 21 mm，触角黄褐色，鳃叶状。前胸背板及鞘翅铜绿色具闪光，上面有细密刻点。鞘翅每侧具 4 条纵脉，肩部具疣突。前足胫节具 2 外齿，前、中足大爪分叉。卵初产椭圆形，长 182 mm，卵壳光滑，乳白色。孵化前呈圆形。幼虫 3 龄，幼虫体长 30 ~ 33 mm，头部黄褐色，前顶刚毛每侧 6 ~ 8 根，排一纵列。脏腹片后部腹毛区正中有 2 列黄褐色长的刺毛，每列 15 ~ 18 根，2 列刺毛尖端大部分相遇和交叉。在刺毛列外边有深黄色钩状刚毛。

蛹 长椭圆形，土黄色，体长 22 ~ 25 mm。体稍弯曲，雄蛹臀节腹面有 4 列统状突起。

卵 光滑，呈椭圆形，乳白色。幼虫乳白色，头部褐色。

幼虫 老熟体长约 32 mm，头宽约 5 mm，体乳白色，头黄褐色，近圆形，前顶刚毛每侧各为 8 根，成一纵列；后顶刚毛每侧 4 根斜列。额中刚毛每侧 4 根。肛腹片后

铜绿丽金龟成虫（谷梅红　摄）

铜绿丽金龟幼虫

部复毛区的刺毛列，各由 13 ~ 19 根长针状刺组成，刺毛列的刺尖常相遇。刺毛列前端不达复毛区的前部边缘。

【生活史】 该虫 1 年发生 1 代，以 3 龄或 2 龄幼虫在土中越冬。翌年 4 月越冬幼虫开始活动为害，5 月下旬至 6 月上旬化蛹，6 ~ 7 月为成虫活动期，直到 9 月上旬停止。成虫具有趋光性及假死性，昼伏夜出，白天隐伏于地被物或表土中，出土后在寄主上交尾、产卵。寿命约 30 天。幼虫在春、秋两季危害最烈。成虫夜间活动，趋光性强。

【习性】 幼虫在土壤中钻蛀，破坏农作物或植物的根部。成虫有趋光性和假死性，昼伏夜出，产卵于土中，在气温 25 ℃以上、相对湿度为 70% ~ 80% 时活动最盛，为害较严重。雨量充沛的条件下成虫羽化出土较早，盛发期提前。

【防治措施】

（1）人工防治。利用成虫的假死习性，采用振树捕杀。

（2）药剂防治。在成虫发生期树冠喷高效氯氰菊酯。

（3）诱杀。利用成虫的趋光性，悬挂黑光灯大量诱杀成虫。将红糖、醋、白酒与水按照 4：3：1：2 的比例配成糖醋液，对铜绿丽金龟有较好的诱杀作用。

参考文献

[1] 国家林业局森林病虫害防治总站.林业有害生物防治历（一）[M].北京：中国林业出版社，2010.

[2] 河南省森林病虫害防治检疫站.河南林业有害生物防治技术[M].郑州：黄河水利出版社，2005.

[3] 河南省林业厅.河南森林昆虫志[M].郑州：河南科学技术出版社，1988.

[4] 黑龙江省牡丹江林业学校.森林病虫害防治[M].北京：中国林业出版社，1981.

[5] 李成德，等.森林昆虫学[M].北京：中国林业出版社，2003.

[6] 杨有乾，李秀生.林木病虫害防治[M].郑州：河南科学技术出版社，1988.

[7] 韩国生.林业有害生物识别与防治图鉴[M].沈阳：辽宁科学技术出版社，2011.

[8] 刘红彦，等.果树病虫害诊治原色图鉴[M].北京：中国农业科学技术出版社，2013.

[9] 万少侠.林果栽培管理实用技术[M].郑州：黄河水利出版社，2013.

[10] 徐志华.果树林木病害生态图鉴[M].北京：中国林业出版社，2000.

[11] 袁嗣令.中国乔、灌木病害[M].北京：科学出版社，1997.

[12] 萧刚柔.中国森林昆虫[M].2版.北京：中国林业出版社，1992.

[13] 彩万志，庞雄飞，花保祯，等.普通昆虫学[M].北京：中国农业大学出版社，2001.

[14] 吕佩珂，等.中国果树病虫原色图谱[M].北京：华夏出版社，1993.

[15] 王金友，李知行.落叶果树病害原色图谱[M].北京：金盾出版社，1995.

[16] 张敏，等.看图诊治苹果、梨病虫害[M].成都：四川科学技术出版社，2003.

[17] 郭书普，等.桃树、葡萄病虫害防治原色图鉴[M].合肥：安徽科学技术出版社，2004.

[18] 杨子琦，曹华国.园林植物病虫害防治图鉴[M].北京：中国林业出版社，2002.

[19] 祝长清，等.河南昆虫志鞘翅目（一）[M].郑州：河南科学技术出版社，1999.

[20] 刘玉，曲爱军，张鲜明，等.柳紫闪蛱蝶幼期形态描述[J].林业科技，2004（1）：32.

[21] 谌有光，朱强，杜志辉.桃蛀果蛾的两项测报方法[J].中国果树，1991（1）.

[22] 陈静.桃蛀果蛾外部形态和超微结构研究（鳞翅目：蛀果蛾科）[D].杨凌：西北农林科技大学，2015.

[23] 陈秀虹.板栗溃疡病菌的名称[J].西南林业大学学报，1990（1）：12-122.

[24] 许春霞.板栗溃疡病研究：病原生物学习性，病害分布和防治[J].林业调查规划，1991（2）：37-47.

[25] 郑庆伟，郑越.斑衣蜡蝉的发生与防治[J].落叶果树，2015，47（6）：69.

[26] 刑作山，孔德生.斑衣蜡蝉的发生规律与防治技术[J].植保技术与推广，2000.

[27] 叶振风，等.梨树腐烂病的病原菌鉴定和化学试剂筛选[J].华中农业大学学报，2015（3）：49-55.

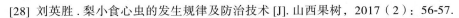

[28] 刘英胜. 梨小食心虫的发生规律及防治技术 [J]. 山西果树，2017（2）：56-57.

[29] 冉红凡，路子云，刘文旭，等. 梨小食心虫生物防治研究进展 [J]. 应用昆虫学报，2016，53（5）：931-941.

[30] 王永崇. 作物病虫害分类介绍及其防治图谱——葡萄白粉病及其防治图谱 [J]. 农药市场信息，2016（4）：69.

[31] 张有省，陈彦华，等. 樗蚕生物学特性及防治方法研究 [J]. 河北林业科技，1997（4）：16-18.

[32] 刘书晓. 葡萄霜霉病的发生及防治 [J]. 河北果树，2017（5）：52-53.

[33] 李雯，冉隆贤，李会平. 不同抗生素对葡萄霜霉病的防效研究 [J]. 北方园艺，2016（9）：125-129.

[34] 顾焕先，张国辉，侣胜利. 桂花病害的种类调查和病原鉴定 [J]. 浙江农业科学，2016，57（6）：888-890.

[35] 李延浩. 开封地区桂花炭疽病菌的生物学特性及病菌毒素性质的研究 [D]. 开封：河南大学，2010.

[36] 何翠娟，张家驯，王依明，等. 紫薇白粉病发生规律与防治技术 [J]. 上海交通大学学报（农业科学版），2005（4）：406-409.

[37] 聂硕. 紫薇育种技术研究 [D]. 泰安：山东农业大学，2016.

[38] 吕传海，濮厚平. 松褐天牛生物学特性研究 [J]. 安徽农业大学学报，2000，27（3）：243-245.

[39] 陈元兵，刘军和. 诱液与诱芯组合式松褐天牛引诱剂林间效果试验 [J]. 林业科技通讯，2016（5）：45-48.

[40] 许青云. 驻马店市栎黄掌舟蛾发生规律及其防治技术 [J]. 安徽农学通报，2011.

[41] 王瑞勤，李凤兰，黄一平，等，I-69 杨和大官杨对光肩星天牛抗性的研究 [J]. 北京林业大学学报，1993.

[42] 张玉玲，等. 黄连木尺蛾的发生与防治 [J]. 科技情报开发与经济，2014，14（7）：183-184.

[43] 王春霞，等. 黄连木尺蛾生物学特性测报与防治 [J]. 河北林业科技，2000（3）：22.

[44] 马秀丽，等. 北方山区黄连木尺蠖综合治理 [J]. 农村科技开发，2004（7）：26.

[45] 田影. 柳蓝叶甲的发生规律及防治方法 [J]. 现代农村科技，2014（2）.

[46] 王国红，邱新兰. 麻皮蝽卵寄生蜂调查初报 [J]. 生物灾害科学，1998.

[47] 宋宏伟，王彩敏. 麻皮蝽和茶翅蝽对枣树的危害及防治研究 [J]. 应用昆虫学报，1993.

[48] 禹明甫，朱玉，赵红启. 宿鸭湖湿地麻皮蝽种群数量与黑杨群落分析 [J]. 广东农业科学，2009.

[49] 梁成杰，等. 膜肩网蝽的生物学和防治 [J]. 林业科学，1987，23（3）：376-382.

[50] 马利霞，等. 膜肩网蝽的综合防治 [J]. 河南农业，2008（7）：20.

[51] 赵俊芳，等. 膜肩网蝽在豫北杨树上的危害及防治 [J]. 林业实用技术，2006（3）：26-27.

[52] 孟繁荣，高丛政. 青杨叶锈病的综合防治技术 [J]. 东北林业大学学报，1997.

[53] 孙玉珍. 柿绒蚧生物学特性及防治研究 [J]. 植物保护，1992.

[54] 赵小单，等. 杨扁角叶蜂生物学特性及幼虫分泌物的研究 [J]. 西北农林科技大学，2009.

[55] 蒋玉文. 温室白粉虱 [J]. 新农业，2001（2）：31.

[56] 李生梅，李孟楼，王福海. 臭椿皮蛾幼虫和蛹脂肪酸组成研究 [J]. 西北林学院学报，2006.

[57] 王凤，鞠瑞亭，李跃忠，等. 褐边绿刺蛾的取食行为和取食量 [J]. 应用昆虫学报，2008.

[58] 于明久，于立增，方芳. 黄翅缀叶野螟发生规律与防治措施 [J]. 现代农村科技，2010.

[59] 伍建芬，黄增和.丽绿刺蛾初步研究 [J].昆虫学报，1983.

[60] 王秀建，王刘豪，余昊.4种药剂对栾多态毛蚜的防效 [J].河南科技学院学报（自然科学版），2012（4）：32-34.

[61] 彭月英，张强潘，陈方景.桃红颈天牛的发生规律及综合防治技术研究 [J].中国园艺文摘，2010（6）：146-147.

[62] 张学平，姬秀枝.柳树蛀干害虫光肩星天牛的防治措施 [J].现代农业科技，2010（10）：169，174.

[63] 刘敏，陈良昌，袁雨.湖南省悬铃木方翅网蝽的发生与危害 [J].湖南林业科技，2012（1）：103-104.

[64] 李华，赵茜.方翅网蝽的发生及防治 [J].遵义科技，2012，40（4）：16-17.

[65] 徐艳丽，李玲，刘建.不同药剂防治杨扇舟蛾效果分析 [J].现代农业科技，2010（20）：184.

[66] 南楠.中国毡蚧科昆虫分类研究（半翅目：胸喙亚目：蚧总科）[D].北京：北京林业大学，2014.